쌀 의 여 행

▶ 전통식품의 기능성 ◀

류 기 형 지음

도서출판 효 일
www.hyoilco.co.kr

　전통식품과 곡류식품을 떠올리면 뭔가 시대에 뒤떨어진다는 생각을 가진 때도 있었는데 이런 생각에서 벗어나게 된 계기가 된 것이 미국생활이었다. 우리과자인 유과를 동료학생들과 함께 먹으면서 그들을 통해 서양과자에서 볼 수 없는 우리전통이 담긴 식품의 맛과 멋이 서양보다 우수하다는 것을 알게 되었다.

　미국에서 돌아와서 곡류전통식품에 관한 연구를 통해 전통식품이 다른 외국의 식품가공기술과 비교하여 우수하다는 확신을 가지게 되었다. 곡류는 우리가 항상 먹는 식품으로 전통식품의 기본원료가 되지만, 그 중요성을 우리 모두가 잘 알지 못한다는 것을 그동안 학생들과 접하면서 체험할 수 있었다.

　이런 계기로 언젠가 기회가 되면 곡류가 주원료인 전통식품에 관한 이야기를 쓰고 싶어 자료를 수집해 왔다. 전통식품에 대한 추억은 어느 누구나 하나쯤은 있을 것이다. 이러한 경험과 연구를 바탕으로 곡류로 만든 전통식품의 영양을 정리해 보았다.

　전통식품은 오래도록 조상들의 솜씨가 담긴 토종식품이지만 생활이 편리해 지고 서양식품을 선호하면서 조금씩 잊혀지고 있다. 그러나 전통식품은 현대인의 식생활 방식과 비교하여 우수성이 많다. 전통곡류식품에는 지방의 함량이 적고 섬유소의 함량이 많아 당뇨, 고혈압, 비만과 같은 성인병을 예방할 수 있다.

우리 조상이 즐겼던 전통식품의 대부분은 쌀을 비롯한 곡류가 기본재료였다. 쌀로 만든 한과류와 떡류, 밀가루와 메밀로 만든 면류, 쌀로 만든 식혜·엿류, 메밀과 옥수수로 빚은 묵류, 쌀과 밀가루로 발효시킨 주류와 발효식품류를 들 수 있다. 이러한 곡류식품에 부족하기 쉬운 식물성 단백질과 식물성 지방은 깨, 콩, 땅콩, 잣 등을 함께 사용하여 영양의 조화를 이루도록 하여 먹었던 것이다.

전통식품의 기본 원료인 곡류의 우수성과 영양가를 잘 안다면, 전통식품에 대한 인식이 새로워지고 자라나는 다음 세대들에게 맛과 포장에 치중한 서양과자보다 영양적으로 우수한 우리과자를 추천할 수 있을 것이다. 전통식품의 올바른 이해를 통해 그 우수성을 발견하면 새로운 개념의 전통식품도 탄생할 것이며 세계에 선보일 수 있을 것이다. 이 책을 통해 곡류전통식품의 이해와 함께 영양적 우수성을 알리고자 한다.

곡류를 원료로 한 전통식품인 유과를 비롯한 한과류, 떡, 묵 등의 소비자 인지도는 예전과는 다르다. 예전의 행사나 생일파티에는 케이크가 단골메뉴였지만 지금은 케이크 대신 떡이 파티나 행사에 종종 오르고 있는 것을 볼 수 있다. 이러한 것으로 볼 때 우리식품에 대한 관심을 좀 더 가질 때가 왔으며, 또한 전통식품의 미래는 밝다고 할 수 있다.

 이 책 내용의 일부는 2001년 가을학기 곡류공정공학을 수강한 공주대학교 식품공학과 학생들의 과제와, 전통식품 홈페이지 사이트를 참고로 하였으며, 자료조사와 원고정리를 도와준 곡류공정공학연구실 학생들에게 고마움을 전한다. 끝으로 곡류전통식품에 대한 의미와 영양에 대하여 이해하는 계기가 될 수 있게 출판을 도와준 효일출판사 김홍용 사장님과 편집자에게 감사를 드린다.

2002년 6월
곡류공정공학 연구실에서
류 기 형

제1장 한과류

제2장 떡 류

제3장 면 류

제4장 죽 류

제5장 묵 류

제6장 식혜 · 엿 류

제7장 주 류

제8장 발효식품류

제9장 곡류와 영양소

제1장 한과류

한과의 으뜸은 유과

한과는 우리나라 전통적인 방법으로 만든 과자류이다. 대부분의 한과는 쌀을 원료로 한 것들이 많다. 또, 한과는 우리 조상들의 손맛과 입맛이 깃들어 있는 과자로서 오랜 옛날부터 선조들의 입맛에 따라 발전되어진 우리만의 과자이다.

한과는 집안에 귀한 손님이 왔을 때 자주 상에 오르는 전통식품 중의 하나로, 남녀노소 누구나 다른 전통 식품보다 친근감을 가지고 좋아하는 식품중의 하나이다.

조상들이 즐겨 먹던 한과는 만드는 재료와 방법에 따라 유과, 다식, 정과, 엿 등 종류가 다양하다. 그러나 한과의 종류는 설날이나 추석에 특집으로 방영되는 TV에서 접할 수 있는 용어 정도로 알고 있다.

다양한 한과 중에서 우선 찹쌀로 만든 한과인 강정, 산자, 유과에 대하여 알아보기로 하자. 일반적으로 이들을 구분할 때 혼동될 때가 많다. 강정, 산자, 유과의 차이점은 무엇일까? 물에서 삭힌 찹쌀가루를 찐 다음, 반죽을 하여 튀긴 모양에 따라 강정과 산자로 구분한다. 엄지손가락 만한 크기로 튀긴 것을 강정이라고 하고, 넓고 얇게 원형이나 사각형으로 튀긴 것을 산자라고 한다.

강정이나 산자를 튀길 때, 옛날에는 솥뚜껑에 달군 고운 자갈이나 소금 속에서 튀겼다. 강정이나 산자를 튀기기 전 수분함량과 원료찹쌀을 물에 담그는 시간에 따라 산자나 강정이 입안에서 사르르 녹는 정도가 달라지므로 매우 중요하다. 튀기기 전 수분함량이 15～17%되게 말린 딱딱한 찹쌀반죽을 반데기(pellet)라고 한다.

이렇게 말린 반데기를 식용유가 귀한 옛날에는 솥뚜껑에 달군 고운 자갈이나 소금 속에서 튀겼다. 지금은 대부분 자갈이나 소금 대신 식용유를 사용하여 튀기므로 유과라 한다. 즉 기름으로 튀긴 강정과 산자를 모두 유과라 하므로 모양에 따라 산자유과와 강정유과로 부르면 어떨까?

집안에서 한과의 일종인 강정이나 산자를 보면 옛 추억이 되살아난다. 어릴 때 솥뚜껑 위에 달군 자갈이나 소금에 부풀린 따끈한 유과를 서로 입에 넣겠다고 주먹질하며 다투던 일, 명절에 외할머니 집이나 먼 친척집에 들렀을 때 한 손 가득히 쥐어주던 정성이 담긴 유과를 맛있게 먹었던 기억. 먹고 난 후에는 항상 또 먹고 싶다는 아쉬움이 남던 시절이었다. 명절에 푸짐하게 많이 만든 강정은 아이들에게 입맛을 즐겁게 해 주었던 가장 달콤한 과자였다.

어머니께서 만드신 부풀린 유과에 조청과 고물을 입히면 화려한 작품이 되었다. 참깨와 쌀 뻥튀기(밥풀떼기)를 입힌 유과를 먹었던 기억도 있다. 한 번은 외할머니 집에서 유과를 잔뜩 먹고 집으로 나서는데 외할머니께서 집에 가서 먹으라고 유과를 한 보따리 싸 주셨다. 동생과 함께 집으로 돌아오는 차안에서 조금씩 집어 먹다보니 집에 도착하기도 전에 다 먹어 버리게 되었다.

지금도 유과를 보면 손이 먼저 간다. 하지만 다른 과자처럼 슈퍼에서 손쉽게 살 수 없는 아쉬움이 있다. 요즘 유과는 명절 선물용으로 인식되고 있는 정도이다. 자라나는 어린이들은 유과보다 치즈, 피자, 옥수수 스낵을 더 좋아한다. 우리 어린이들의 한과에 대한 거부감을 어떻게 없앨 것인가? 옥수수 스낵대신에 유과를 먼저 집어들게 하려면 우선 어머니들의 유과에 대한 관심과 우수성에 대한 인식이 있어야 할 것이다.

유과와 같은 대부분의 한과류는 곡류를 원료로 사용한다. 한과류의 주원료인 곡류는 동서양을 막론하고 인류의 주요한 식량 자원일 뿐만 아니라 매우 중요한 에너지원이다. 유과를 비롯한 한과의 역사는 상고시대에 농경이 시작되면서 곡물의 재배와 생산과 함께 만들어졌을 것이다. 이때부터 한과류는 명절이나 제례음식으로 주로 사용되었다.

한과의 유래

우리나라에서 전통적으로 내려오는 과자를 한과류(韓果類)라고 한다. 본래는 생과(生果)와 비교해서 가공하여 만든 과일의 대용품이라는 뜻에서 조과류(造果類)라고 하고, 우리나라 말로는 '과줄'이라고 한다.

서양과자와 구별하기 위해 한과(韓果)로 부르게 되었다. 그러나 초기에는 중국 한대(漢代)에 들어왔다고 하여 한과(漢果)라고도 불렸다고 한다. 과(果)란 말은 삼국유사 가락국기 수로왕조에 처음 나오는데, 수로왕묘 제수에 과(果)가 쓰였다고 기록되어 있다.

제수(祭需)로 쓰는 과(果)는 본래 자연의 과일인데, 과일이 없는 계절에는 곡분으로 과일의 형태를 만들고, 여기에 과수(果樹)의 가지를 꽂아서 제수로 삼았다고 한다.

우리나라에서 제일 먼저 만들어진 한과류는 '엿' 종류인 것으로 추정되며, 고려시대에 이르러서는 뚜렷한 기록에 의해서 귀족 중에서 애용되어 온 과자로 유밀과가 있었음을 알 수 있다.

한과류는 농경문화의 진전에 따른 곡물의 산출증가와 숭불사조에서 오는 육식의 기피사조를 배경으로, 신라, 고려시대에 특히 발달되어 제례(祭禮), 혼례(婚禮), 연회(宴會) 등에 필수적으로 오르는 음식이 되었다.

삼국시대부터 조미료로 기름과 꿀을 사용했으나, 기름과 꿀을 사용한 과정류가 만들어진 것은 불교가 융성하여 육식 절제 풍습이 존중되었던 삼국 통일시대 이후로 보인다. 이 시대의 후기에 다과상, 진다례, 다정 모임 등의 의식이 형성되었는데 이에 따라 과정류도 급진적인 발달을 보였을 것으로 추정되나 문헌의 기록은 고려시대부터이다.

충렬왕 8년에는 왕이 충청도에 행차했을 때 유밀과의 봉정을 금했다는 사실로 미루어 보아 왕의 행차 때에는 각 고을이나 사원 등에서 유밀과를 진상하였음을 짐작할 수 있고 유밀과의 성행이 지나쳐 곡물, 기름, 꿀 등을 허실 함으로서 물가가 오르고 민생이 어려워져 공민왕 2년(1353년)에는 유밀과의 사용금지령까지 내렸다고 한다.

한과류 중에는 특히 유밀과(油蜜果)가 발달되어, 불교행사인 연등회, 팔관회 등 크고 작은 행사에 반드시 고임상으로 쌓아 올려졌다. 유밀과는 국외에까지 전파되었는데 '고려사'에 충렬왕때 세자의 결혼식에 참석하러 원나라에 가서 베푼 연회에 유밀과를 차렸더니, 그 맛이 입 속에서 슬슬 녹는 듯하여 평판이 대단하였다는 기록이 보인다. 이런 까닭으로 몽고에서는 유밀과를 '고려병'이라고 했으며, '고려병'을 약과(藥果)라고 하였다.

다식(茶食)도 고려에서 숭상되어 국가연회에 쓰였으나, 유밀과처럼 일반화되지는 않고 국가적 규모의 대연회에서 쓰였던 것 같다.

조선시대에 이르면 한과류는 임금이 받는 어상(御床)을 비롯하여, 한 개인의 통과의례를 위한 상차림에 대표하는 음식으로 등장하게 된다. 한과류는 의례상의 진설품과 평상시의 기호품으로 각광을 받았는데, 특히 왕실을 중심으로 한 귀족과 반가에서 널리 소비되었다.

한편 강정류는 민가에서도 유행하여 주로 정월 초하룻날 많이 해 먹었는데, 민가에서는 강정을 튀길 때 떡이 부풀어오르는 높이에 따라 서로 승부를 가리는 놀이까지 있었다고 한다.

한과류 중 약과, 다식 등의 유밀과와 강정류는 경사스러운 날의 잔칫상 차림에 높이 괴어 올리는 것이 관례여서 반가를 중심으로 한과의 전문기술을 가진 사람과 고임새가 빼어난 사람들이 초빙되어 그 일을 담당하기도 하였다.

강정을 옛 기록에서 찾아보면, 1670년 <음식지미방(飮食知味方)>의 기본법이 오늘날까지 그대로 이어져 온다. 즉, '찹쌀가루를 술과 콩물로 반죽하여 쪄서, 꽈리가 일도록 치대어 밀고 말려서 기름에 지져 부풀게 한 다음, 꿀을 바르고 흰깨와 물들인 쌀 튀김, 승검초 가루를 묻히는 것이다.'고 하였다.

강정과 산자류의 종류는 여러 가지이나, 만드는 방법은 모두 같으며, 모양과 고물에 따라 이름이 다르다. 1763년경 <성호사설(星湖僿說)>에 '강정(剛釘)'이라고 하였고, 1815년 <규합총서(閨閤叢書)>에는 매화산자 만드는 법이 자세히 소개되어 있으며, 그밖에도 <아언각비><동국세시기(東國歲時記)><열양세시기(列陽歲時記)><음식지미방><금화독경기><오주연문장전산고>에도 강정에 대한 기록이 있다.

강정의 유래는 한나라 때의 '한구(寒具)'에서 찾을 수 있는데, 당시 한나라에서는 아침밥을 먹기 전에 입맛을 돋우기 위하여 '한구'라는 음식을 먹는 습관이 있었다고 한다. 이후 진나라 때는 '환병(環餠)'이라 불렸고, 당나라 때에 이르러서는 그 모양이 누에고치 같다고 하여 '면견(麵繭)'이라고 불렸다.

고려시대에 널리 확산된 것으로 추측되며, 그 이전의 강정은 건정 또는 면견이라 하였고 통일신라시대에는 면견에서 전래된 것이라 하여 '견병'이라 부르기도 했다. 강정은 겉에 묻히는 고물에 따라 깨강정, 잣강정, 콩강정, 송화강정, 승검초강정, 계피강정, 세반강정 등으로 불렸으나 산자는 고물에 착색한 색깔에 따라 백산자, 홍산자, 매화산자 등으로 불린다.

민간에서는 강정을 기름에 지질 때, 바탕이 부풀어오르는 높이에 따라 서로 내기하여 승부를 가리기도 하여 바탕을 만들 때에 종이에 관계(冠階)를 써넣고, 나중에 강정속에서 나오는 종이의 품계에 따라 누가 더 높은가를 보는 놀이를 즐겼다고 한다. 1819년 <열양세시기>에서는, '인가(人家)에서는 선조께 제사를 드리는 데 있어 강정을 으뜸으로 삼았다'라고 하였으며, 1849년 <동국세시기>에는 '오색강정이 있는데, 이것은 설날과 봄철에 인가의 제물로 '실과 행례'에 들며, 세찬으로 손님을 접대할 때는 없어서는 안될 음식이다'라고 하였다. 이러한 강정은 입에 넣으면 바삭바삭하게 부서지면서 사르르 녹는 것이 매력이었다.

옥수수스낵 보다 품격 높은 한과

한과류는 만드는 방법이나 쓰이는 재료에 따라 크게 유밀과류, 강정류, 산자류, 다식류, 정과류, 숙실과류, 과편류, 엿강정류, 엿류 등으로 나눌 수 있다. 한과의 재료는 쌀, 밀가루, 보리와 같은 곡류, 콩, 깨, 잣 땅콩 등의 식물성 지방을 다량 함유한 원료를 조합한 것으로 영양과 맛을 창조한 조상의 지혜를 엿볼 수 있다. 또한 비타민 C와 섬유소가 다량 함유한 과채류를 꿀에 절여 오랫동안 보관하면서 먹을 수 있는 정과의 종류도 다양하다.

유밀과류(油蜜果類)는 밀가루를 주재료로 하여 기름과 꿀을 부재료로 섞고 반죽한 것으로, 여러 가지 모양으로 빚어 식물성 기름에 지진 과자를 가리킨다. 이러한 유밀과는 흔히 약과(藥果)라고 하여 오늘날까지 이어지고 있다.

강정류는 찹쌀가루에 술을 쳐서 반죽하여 찐 것을 공기가 섞이게 하여 크고 작게 잘라 햇볕에 말렸다가, 기름에 튀겨 여러 가지 고물을 입힌 것으로 엄지손가락이나 누에고치 크기로 강정 또는 건정으로 불리어지고 있다.

한편 산자류는 강정보다 크게 네모 모양으로 얇게 튀긴 것으로 과줄이라고도 하며, 꿀이나 조청을 발라 입힌 고물의 종류에 따라 밥풀산자, 세반산자, 매화산자, 연사과, 빈사과, 감사과 등이 있다.

볶은 곡식의 가루나 송화가루를 꿀로 반죽하여 나무로 된 다식판에 넣어 찍어낸 것도 유밀과라고 한다. 다식류(茶食類)는 원재료의 고유한 맛과 결착제로 쓰는 꿀의 단맛이 잘 조화된 것이 특징이며, 혼례상이나 회갑상, 제사상에는 반드시 등장하는 과자이다.

정과류는 비교적 수분이 적은 식물의 뿌리나 줄기, 열매를 살짝 데쳐 설탕물이나 꿀, 또는 조청에 조린 것이다. 연근정과, 생강정과, 동아정과, 수삼정과, 모과정과, 무정과, 천문동정과, 귤정과 등이 있다.

과편류(果片類)는 과실이나 열매를 삶아 거른 즙에 녹말가루를 섞거나, 단독으로 설탕이나 꿀을 넣고 조려 엉기게 한 다음 썬 것이다. 재료별로 앵두편, 복분자편, 모과편, 산사편, 살구편, 오미자편 등이 있다.

엿 강정류는 여러 가지 곡식이나 견과류를 조청 또는 엿물에 버무려 서로 엉기게 한 뒤, 반데기를 지어서 약간 굳었을 때 썬 한과(韓果)이다. 주로 콩 종류, 검은깨, 들깨, 참깨 등의 깨 종류와, 땅콩, 잣 등을 재료로 쓰고 웃고명으로 잣, 호두, 대추 등을 얹어 모양과 맛을 낸다.

전통적인 유과제조는 조상의 지혜에 있다

대표적인 우리과자, 유과에 대해 관심을 갖게된 것은 미국에서 공부를 하던 때였다. 설과 추석이면 매년 오색 보따리에 포장된 유과 바구니를 어머니께서 부쳐 주셨다. 처음 몇 년간은 그리운 얼굴과 고향 생각을 하면서 맛있게 먹었다.

어느 늦가을, 한국에서 부친 유과를 들고 대학원실험 수업에서 학생들에게 나누어주며 유과와 미국마켓에서 팔고 있는 옥수수스낵과의 차이점을 노트 한장에 적도록 했다.

미국사람들이 흔히 말하는 wonderful, great와 같은 감사의 표시가 아닌 진정한 비판과 우수성을 쓰도록 부탁하였다. 의외로 비판 보다 우수성을 인정하는 글이 많았다. 유과의 특성인 입안에서 사르르 녹는 맛에 대한 찬사가 쏟아졌다. 이런 맛을 가진 스낵은 없다는 것이었다. 좋지 않은 유과성질은 고물을 묻힌 조청 때문에 느끼는 찐득찐득한 느낌이라고 했다.

학생들의 평가서를 읽고 한국에 돌아가면 유과에 내한 전통공정을 밝혀 내야 겠다는 생각을 하게 되었고 그때부터 전통과자에 대해 관심을 가지게 되었다. 조상 대대로 내려온 만드는 방법에는 조상들의 지혜가 담겨있지만 지금은 극히 일부만 우리가 알고 있다고 생각한다.

유과를 만드는 방법을 보면 찹쌀을 물에 담그는 수침, 수침한 찹쌀가루를 찌는 공정, 반죽하여 모양을 만들어 건조시킨 다음 튀기는 단계로 크게 나눌 수 있다.

유과를 만들기 위해서는 원료의 선정이 중요하다. 먼저 잘 씻은 찰기를 내는 찹쌀을 물에 담그는 공정이다. 먹을 때 입안에서 살살 녹아 내리는 유과를 만들기 위해서는 장시간 동안 찹쌀을 물에 담가야 한다. 찹쌀은 물에 존재하는 효모 유산균과 같은 유용한 미생물에 의해 발효가 일어난다. 여름철에는 7일 이내, 차가운 겨울철에는 10일 이상 물에 담그기도 한다.

일정기간 수침된 찹쌀을 분쇄하여 체질을 하고 찹쌀가루에 공기를 잘 섞이게 하면서 입자를 고르게 한다. 체질 없이 찌게 되면 찹쌀가루가 잘 익지 않기 때문이다.

찹쌀가루에 부원료를 첨가하여 균일하게 섞어 찔 때, 쌀가루가 잘 익도록 물을 가해 준다. 반죽물의 수분함량은 50％전후로 하면 좋고 이때 첨가물로 사용되는 것은 물, 술, 콩국, 베이킹소다, 설탕, 효모 등이다.

적당한 수분을 가진 반죽을 완료한 후 수증기로 가열하여 찹쌀가루를 균일하게 찌는 과정으로 가열초기에는 어느 온도까지 각종 미생물과 효소의 작용이 일어나며, 후기에는 살균 및 효소의 불활성화가 일어나는 공정이다. 소량의 찹쌀을 증자하는 것은 큰 어려움이 없지만 대량을 증자할 때에는 균일하게 또한 충분한 호화가 일어난 찹쌀가루를 얻기에 많은 어려움이 있으므로 가압형 증자기를 이용해 13~30분 동안 찌기를 한다.

다음은 꽈리치기(교반)공정으로 찐 찹쌀가루를 옛날에는 절구에 넣어 메로 쳐서 공기를 반죽 내부로 흡입시켜 찰기가 있는 반죽을 만들었다. 여기에서 꽈리치기 시간은 유과의 조직에 중요하다. 오랫동안 꽈리치기를 하면 유과조직이 부드러워지고 꽈리치기 시간이 짧은 튀긴 유과를 보면 큰 공기구멍이 있고 조직도 물론 딱딱하다.

찹쌀가루 반죽을 절구질하는 꽈리치기 방법에 따라 똑같은 찹쌀을 가지고 만든 유과가 집집마다 차이가 있는 것도 절구질하는 시간이 다르기 때문이다. 절구질을 많이 하면 균일하게 공기가 혼입되어 유과 조직이 치밀하고 더욱더 부드러워서 아삭아삭하고 맛이 있다.

꽈리치기한 찹쌀반죽은 일정한 두께로 만든 후 적절하게 말려야 한다. 이때 수분은 15~18% 정도로 옛날에는 방바닥에 신문지를 깔고 아래위를 번갈아 뒤집어 주면서 골고루 말리는 조상의 지혜도 있었다.

이렇게 해서 튀기기 전 말린 것을 반데기라고 하며 반데기 모양에 따라 강정과 산자로 따로 불리기도 하였다. 반데기가 건조되는 속도는 반데기의 두께, 건조시간, 건조온도, 공기중의 습도변화에 따라 다르므로 우리조상들은 반데기를 만져보면서 손끝의 족감으로 반데기 말리는 시간을 결정하였다.

전통적으로는 '뜨거운 방에서 바싹 말린 후 술에 축인 다음 보자기에 덮어 재우고 반쯤 말리기'로 표현되어 있다.

잘 말려서 수분이 골고루 펴지게 한 반데기를 옛날에는 주로 달군 고운 자갈이나 소금 속에서 튀겼으나 오늘날에는 식용유로 두

번 튀기는데, 1차 튀김은 낮은 온도인 110~120℃정도, 2차 튀김은 170~180℃정도에서 행한다.

튀김을 통해 유과는 바삭바삭한 맛을 나타내는 다공성 구조를 갖게 된다. 식용유의 침투, 노릇노릇한 색깔, 향기와 고소한 맛이 단시간에 생성되는 과정이다.

마지막으로 조청이나 벌꿀에 튀긴 유과를 담가 고물을 입히는 것이다. 입히는 고물에 따라 맛, 향, 색과 함께 영양가가 달라진다.

유과 고물에 따른 영양가

유과를 만드는 마지막 단계에서 고물을 묻히는데 이 고물의 영양 가치를 알아보면 참깨, 들깨, 잣, 땅콩, 쌀 뻥튀기(세반) 등 다양한 재료가 사용된다.

참깨는 바로 고소한 맛의 대명사로서 고물로 많이 사용된다. 참깨의 영양가를 분석해보면 일반성분으로는 우리가 먹는 가식부분 100g당 단백질 19.3g, 지방 53.8g, 당질 20.6g, 칼슘 1.149mg, 인 595mg, 칼륨 459mg, 나이아신 5.2mg이다. 참깨의 단백질은 주로 글로불린인데 그 구성 아미노산으로 보아 동물성 단백질에 비해서도 뒤지지 않는 가장 우수한 것에 속한다. 예로부터 정력제나 병후의 회복음식으로 이용되어 온 것이 깨죽이다.

참깨에는 비타민 E가 많아 혈관을 깨끗이 청소한다. 깨의 주성분은 지방이며 전체의 약 50%를 차지한다. 단백질은 20%이지만 식물성 단백질로 영양적으로 아주 우수하다. 참깨에는 칼슘이 풍부하고 철분, 비타민 B_1과 B_2도 많이 들어 있다. 또한 참깨에는 비타민 E도 많이 들어 있는데 이 비타민 E는 혈관을 넓히고 혈액순환을 원활하게 해 항상 피를 깨끗하게 만들어 주므로 성인병에 걸릴 위험이 없고 피부도 늘 깨끗하게 지켜준다.

들깨는 여성의 건강과 미용에 좋은 식품이며 소화촉진, 건위제 작용을 하는 철분이 많아 빈혈에도 좋으며 혈액순환, 저혈압, 빈혈, 피로회복, 동맥경화 등 성인병 치료 및 예방과 여성의 미용과 다이어트에 더없이 좋은 식품이다. 들깨의 일반성분은 수분3.9% 단백질 16% 지방 39.5% 당질 20.2% 섬유 17.5% 무기질 2.9%이며 무기질에는 칼슘과 인의 성분이 비교적 많은 편이다.

열량이 높고 비타민 B 복합체가 풍부한 잣은 자양강장제로 널리 알려져 있다. 철분이 많아 빈혈예방에도 좋다. 잣나무는 소나무과에 속하는 상록교목으로 잎은 솔잎과 비슷하나 좀 더 푸르고 굵고 잣은 칼로리가 높을 뿐 아니라, 비타민 B군이 풍부하며 호도나 땅콩보다 철분이 많이 들어 있어 빈혈에도 효과적이다.

또한 잣에는 불포화지방산의 함량이 높고 또한 아미노산의 조성도 우수하다. 특히 잣은 지방, 단백질이 풍부한 고열량 식품이며, 특히 비타민 B가 풍부하고 지방은 불포화 지방산으로서 피부를 부드럽게 하고 혈압을 내리는 작용을 한다.

유과의 고물로 잘게 썬 대추를 입혀 색깔과 영양의 조화를 갖도록 하였다. 대추에는 잠을 오게 하는 성분이 들어 있다. 주성분은 탄수화물이지만 철분과 칼슘이 풍부하게 들어있고, 칼슘은 신경의 흥분 상태나 초조함을 진정시키고 가슴이 두근거리는 것을 억제하는 작용이 있다.

검은 색깔을 내고 유과에 부족한 식물성 단백질을 보강하기 위하여 검정콩을 고물로 하였다. 검정콩은 신장계통의 대사 촉진에 좋은 효과를 보인다고 한다. 신장계통이 약한 사람은 몸이 냉하고 신진대사가 원활하지 않아 몸에 여분의 수분이나 지방이 쌓이게 되는 것이다. 검정콩을 먹으면 신장의 작용이 활발해져 수분과 지방이 축적되지 않는 몸으로 체질이 개선된다. 또한 검정콩은 당뇨병이나 이명, 백발 등의 증상을 개선시키는 것으로 알려져 있다.

호도에는 미네랄, 비타민이 노화방지에 특효가 있다. 돼지고기와 육류의 지방은 포화지방산이 대부분인데, 이 포화지방산은 비필수지방산이 대부분이며 많이 섭취하게 되면 심장병이나 동맥경화증 등의 성인병에 걸리기 쉽다. 그러나 호도, 깨, 잣, 콩에 들어있는 식물성지방은 불포화지방산이 많고 혈액 속의 콜레스테롤을 저하시키는 필수지방산이 많아 콜레스테롤이 혈관에 달라붙는 것을 막아준다. 또한 호도에는 미네랄과 비타민 B_1이 풍부해서 매일 먹게 되면 피부가 고와지고 노화방지의 강장효과가 뛰어나다.

그러므로 우리가 유과를 고를 때 고물의 화려한 겉치레 보다 깨, 잣, 호도 등 식물성지방이 풍부한 유과를 고르는 지혜도 필요하다. 입안에서 부드럽게 녹는 촉감과 고물의 영양소가 조화를 이룬 유과를 즐기면서 영양소도 골고루 섭취하도록 하자.

옛날 유과가 영양적으로 우수하다.

지금 곡류의 가공 패턴은 옛날 방식으로 돌아가는 경향이 두드러지고 있다. 패션시장을 비유한다면 복고풍이라고 할까? 그 이유는 식용유에 담가서 튀긴 유과보다 훨씬 영양적으로 우수하기 때문이다. 우리 조상들의 식품에 대한 지혜로움은 전통유과를 만들어 내는 과정을 보더라도 잘 나타나 있다. 잘 달구어진 솥뚜껑에 고운 자갈이나 모래 또는 소금으로 유과를 튀겨내었다. 우선 식용유 속에서 튀기지 않았으므로 지방과다 섭취로 발생할 수 있는 성인병을 예방할 수 있고, 지방함량이 없기 때문에 다이어트 식품으로도 손색이 없다.

유통과정과 보관에서도 전통유과의 우수함을 들 수 있다. 달군 자갈이나 소금을 사용한 전통 유과는 아무리 오랫동안 저장하여도 기름성분이 변하여 생기는 좋지 않은 냄새 없이 방금 튀긴 유과처럼 신선한 바삭거림과 맛을 가진다. 그런데 요즘 백화점에 유통되고 있는 선물용 유과를 보자. 지방이 변하여 산패된 냄새 때문에 선물 받는 이들의 인상을 찌푸리게 한다. 이런 현상들은 유과 속에 남아있는 식용유가 온도가 높은 장소에서 오랫동안 저장될 때 발생된다.

우리나라를 비롯한 선진국에서는 기본적인 영양문제는 거의 해결되었다. 때문에 사람들은 암, 심장병, 당뇨, 비만과 같은 성인병을 예방하는 식품을 선호하고 있다. 전통유과는 현대인들이 요구하는 좋은 식품과 더불어 기능성식품으로서 가치가 충분하다.

유과를 만들 때 찹쌀을 물에 담가서 여름철에는 5일 가량, 겨울철에는 일주일 이상 찹쌀을 삭히는데 이것은 효모(yeast)와 유산균음료와 김치에 다량 존재하는 유산균이 관여하는 발효이다. 이때 효모 등과 같은 유용한 미생물이 가지는 단백질, 미네랄 등이 유과에 보강된다. 그러므로 전통적으로 물에 담가 삭히는 기간에 따라 영양소의 보강뿐만 아니라 유과의 바삭하고 부드러운 맛도 조절할 수 있는 것이다.

어머니들의 유과 솜씨는 담그는 물의 종류와 계절, 지역에 따라 각양 각색으로 연출되었다. 마나님이 성질이 급한 집은 딱딱한 유과, 성질이 느긋하고 기다릴 줄 아는 여유를 가진 마나님은 아주 연하고 입안에서 사르르 녹아 내리는 유과를 대접했을 것이다.

유과의 원료인 찹쌀의 종류에 따라 유과의 맛과 모양이 결정된다. 전통 찹쌀로 만든 유과가 제맛을 낼 수 있기 때문에 대부분의 한과공장에서는 계약재배를 통해 우수한 찹쌀원료를 확보하여 공장 특유의 맛과 조직을 가진 유과를 생산하고 있다. 또한 유과의 원료인 찹쌀의 기능성에 대한 연구는 동서양에서 행하여지고 있으며 특히 생 찹쌀가루가 간 기능의 회복에 효과가 있다는 연구결과도 있다.

한과의 으뜸인 유과는 전분질 식품인 찹쌀에 콩국을 넣어 식물성 단백질을 보강하고 참깨, 들깨 등과 같은 식물성 지방을 포함한 원료를 조청과 함께 입혀 인체에 필요한 단백질과 지방이 조화를 이룬 우리과자라고 해도 좋을 것이다.

<오주행문장전산고>와 <지봉유설>에 유과의 재료인 찹쌀에 포함된 전분은 춘하추동을 거쳐서 익기 때문에 사시의 기운을 얻게 하며, 조청대신 꿀을 이용하기도 하였다. 유과는 백약의 으뜸이며 들깨, 참깨의 기름은 원기를 돋구고 나쁜 독소를 해독하는 약이 되는 과자로 지칭하여 기록되어 있다. 이렇듯 유과는 들어가는 재료만 보더라도 영양, 향, 인체와의 조화 등 과학적인 배합을 기본으로 하고 있다.

유과의 고물인 깨와 견과류는 지방, 단백질, 무기질이 많아 성장기 어린이의 간식으로도 손색이 없다. 이러한 고물과 배합되어 우리 몸에 영양을 주고 약이 되는 성분이 많다. 이렇게 고물과 잘 배합된 옛날 유과는 오랫동안 보관할 수 있고 각양각색의 향과 맛을 내어 정월에 부족한 성분을 섭취할 수 있는 우수한 조상의 지혜가 숨어있는 식품으로 손꼽힌다.

강정유과 만드는 솜씨는 마술

손이 쉬는 겨울철이 되면 가끔가다 할머니께서는 쌀강정 유과를 만들곤 하셨다. 그 당시엔 할머니께서 계셨던 터라 그렇게 강정이 있었지만 몇 년 전 할머니께서 돌아가신 후에는 명절이나 가족이 많이 모이는 날이 아니면 쌀강정 보기가 힘들어 졌다.

할머니께서 계셨을 때도 가끔 아버지가 사다드리는 신문지에 둘둘 말려 장롱깊이 보관되어지는 마름모꼴의 박하사탕과 어머니가 만든 다식과 강정은 항상 하나뿐인 동생 몫이 되어버렸다. 그런 추억의 먹거리 속에서 우리는 어머니가 강정유과를 만드실 때마다 기름솥 주위를 떠나지 않았다.

어린 시절 내게 강정유과는 꼭 신기한 마술 같았다. 엄지손가락만한 찹쌀 반죽인 반데기가 뜨거운 기름에 튀겨지면서 몇 배로 부풀어오르는 모습은 가히 마술이었다.

단지 반죽을 해서 몇 번 절구에서 꽈리치기 한 기억이 난다. 무엇 때문에 텅텅 속이 비어 저렇게 커지게 되는 것인지 어린아이 머리로는 가히 이해하기 힘든 일이었다.

강정유과를 만드는 과정 중에서 튀기는 과정보다 더 좋았던 것은 튀긴 강정유과에 꿀옷을 입히는 작업이다. 바삭바삭하고 속빈 강정유과가 부서지거나 눌리진 않을까 조바심을 내곤 했지만 할머니는 늘 능숙하게 강정유과를 뒤섞어 골고루 꿀을 묻혀 주셨다.

나를 더욱 즐겁게 만들었던 기억은 강정유과보다 겉에 묻은 꿀을 혀끝으로 살살 녹여 먹는 재미였다. 겉에 묻힌 단꿀맛 역시 일품이었지만 꼭 물먹기전 스폰지처럼 속이 비어 입안에 넣기만 하면 혀끝에서 녹아버리는 강정유과는 역시 어린아이에게 신기하고 아쉽기만 한 것들이었다.

겨울철, 어머니는 커다란 양은냄비에 강정유과를 담아 뒤곁에 내놓으시곤 했는데 간혹 꿀옷에 강정유과들이 달라붙어 추운 날씨에 굳어버리기라도 하면 선 자리에서 다닥다닥 붙어버린 강정유과를 하나씩 떼어먹던 재미 역시 버릴 수 없는 기억이다.

또 어떤 날은 송편에 넣는 분홍 초록 색소를 얻어와 쌀가루에 섞어 강정유과를 해주신 적이 있었다. 꿀 옷에다 알록달록 색깔까지 꼭 텔레비전 선물세트에서나 나올 듯한 모양새가 먹기에 아까울 정도였다.

강정유과와 아울러 솜씨가 좋으신 어머니는 겨울에 까먹다 남은 밤을 빻아서 꿀에 섞어 다식을 만들어주셨고, 계피나무를 사다 고아 만드신 수정과엔 곶감을 넣고 잣을 띄워주시는 것 역시 잊지 않는 그런 분이셨다.

솔직히 난 강정유과와 다식 같은 한과를 좋아하지는 않았다. 겨울철 추운 날에 이불 뒤집어쓰고 먹는 군것질거리로는 물론 손색이 없었지만 일부러 즐겨 찾는 편은 아니었다. 하지만 이따금 내 눈에 들어오는 전통먹거리를 대할 때 어린 기억의 강정유과나 엿이 생각난다.

시간이 가면서 입맛이 변하고 형태가 바뀐다고 해도 늘 기억하는 것들에 대한 추억은 변하지 않는 법이다. 옛날 것이라기보다 손맛이 곁들어진 정성이란 말이 더 잘 어울리는 까닭인지도 모르겠다.

시간이 지나버린 것들에 대해선 고리타분하고 어색하게만 생각하는 우리네 생각들 속에 가끔 이런 아련한 이야기들을 끼워 넣을 수 있다면, 더 많은 사랑을 받을 수 있는 전통식품이 되지 않을까?

☯ 강정유과와 산자유과 만들기

기본재료

▶참쌀, 흰콩, 물, 소주, 설탕, 번가루(녹말 또는 쌀가루), 조청술, 설탕, 꿀
▶고물
쌀뻥튀기(산자), 흰깨, 흑임자, 잣가루 등

만들기

1. 참쌀은 씻어서 항아리에 물을 부어 여름철에는 일주일, 겨울철에는 이주일 정도 담가 두어 삭힌다.
2. 삭힌 참쌀을 건져서 여러 번 헹구어 씻은 후 건져서 소금을 넣고 가루로 빻아서 고운 체에 친다.
3. 콩은 충분히 불려서 블렌더에 분량의 물을 넣고 갈아서 체에 받힌다.
4. 참쌀 가루에 술과 설탕을 고루 뿌리고 콩물을 조금씩 넣으면서 나무 주걱으로 섞어서 덩어리지게 한다.
5. 찜통에 젖은 행주를 깔고 반죽을 큼직하게 떼어 안쳐서 찐다. 찌는 도중에 위아래를 뒤집어 고루 익힌다.
6. 쪄낸 떡을 큰그릇이나 분 마기에 쏟아서 방망이로 꽈리가 일도록 힘껏 쳐서 뽀얗게 가는 실이 흐를 때까지 친다.
7. 넓은 밀판에 전분가루 또는 밀가루를 뿌리고 떡을 쏟아서 위에도 전분가루를 뿌리고 방망이로 0.5cm 두께로 얇게 밀어 적

당한 크기로 썬다. 손가락 강정유과는 길이 4cm, 폭 1cm로 썰고 네모난 산자유과는 사방 4cm로 썬다.

⑧ 썬 반죽은 더운 방바닥에 한지를 깔고 서로 붙지 않게 늘어 놓고 2~3일 간 가끔 뒤집으면서 고루 말린다.

⑨ 말린 반죽을 110℃의 낮은 온도의 기름에 넣어 서서히 튀겨서 부풀린다. 이때는 모양이 똑바로 되도록 숟가락으로 양끝을 누르면서 튀긴다.

⑩ 찹쌀 과자가 부풀어오르면 150~160℃의 기름에 잠깐 넣어 약간 노릇하게 튀겨서 건져 기름을 뺀다.

⑪ 냄비에 물과 설탕을 1컵씩 넣어 약 1컵의 시럽이 되도록 끓여서 식혀 꿀을 섞어서 조청꿀을 만든다.

⑫ 튀긴 것을 조청꿀에 담갔다가 여러 가지 고물을 묻혀서 목기나 소쿠리에 담는다.

☯ 약과 만들기

기본재료

▶밀가루, 참기름, 잣가루, 술, 생강, 꿀, 기름, 시럽(설탕, 물엿)

만들기

1 밀가루를 체에 내린 후 참기름을 조금씩 넣으면서 손으로 고루 비벼 다시 한번 체에 내린다. 이때 너무 치대지 말고 엉킬 정도로 한다.

2 꿀과 술, 소금, 생강즙을 함께 혼합하여 고루 섞은 후 1의 체에 친 밀가루를 넣고 뭉치듯이 가볍게 반죽한다.

3 약과판에 참기름을 바르고 반죽을 떼어 손으로 꼭꼭 눌러 박아서 기름이 잘 스며들도록 포크나 대꼬지로 꼭꼭 찍어 자국을 낸다.

4 140~150℃ 정도의 기름에 넣고 튀긴다. 잘 부풀고 노르스름해지면 꺼내어 기름을 뺀다.

5 시럽에 담갔다가 건져 잣가루를 뿌려낸다.

전통튀김인 타래과

　타래과는 매작과라고도 하며 밀가루, 소금, 생강즙으로 반죽하여 얇게 밀어 튀긴 음식이다. 옛날에는 기름 속에서 익히는 조리법을 지진다고 하였지만 요즘에는 튀긴다고 한다. 반죽할 때 밀가루는 중력분을 써서 단지 반죽을 하고 단맛을 내는 설탕을 넣지 않고 튀긴 다음 꿀물에 담갔다 건져서 먹어왔던 전통튀김 식품이다.

　타래과는 밀가루 반죽을 할 때, 생강즙, 인삼즙, 당근, 파래 등과 같은 재료를 섞어 맛과 향 기능성을 부가시킨 것이다. 이 때 꿀을 살짝 묻혀야 지저분해지지 않고 맛깔스러워 진다.

　타래과는 어릴 때 명절이나 할아버지 생신 때면 항상 고모님께서 만들어 오시던 간식 거리였다. 그래서 항상 명절이 더욱 기다려졌었다. 맛있고 모양이 예쁘고 특이하여 나를 포함한 꼬맹이들에게 인기가 많던 간식 거리였다.

　어릴 때 먹었던 타래과의 그 맛을 잊을 수가 없다. 그러나 지금은 타래과를 먹으면 예전에 먹던 그 맛이 나지 않아 선동의 방법을 살려 다시 그 맛을 느낄 수 있는 기회가 있었으면 좋겠다.

　타래과의 색깔은 당근을 삶아 곱게 다진 후 밀가루에 섞거나, 시금치 삶은 것을 꼭 짜서 곱게 다져 반죽하여 모양을 만들어 튀겨서 만들었다. 생강 타래과는 다진 생강, 파래 매작과는 파래가루를 첨가하여 맛과 향을 내어 생강과 파래의 기능성을 강화시킨 타래과의 일종이다.

오미자나 치자로 색소를 추출하여 색깔을 낸 타래과는 찬물에 담가 은은하게 색물을 내며 미나리나 쑥갓을 믹서에 한 번 갈아 초록물을 내면 된다. 밀가루는 고운 체에 쳐서 물, 소금, 생강즙으로 반죽한다. 이때 물 대신 즐비한 천연색물을 쓰면 흰색, 분홍색, 노란색, 초록색의 네 가지 반죽으로 만들 수 있다. 이렇게 오색찬란한 타래과를 입맛과 눈으로 즐기면서 먹을 수 있다.

타래과는 기름에 튀기는 음식이기 때문에 튀길 때 부스러기가 없이 매끈하게 모양이 좋아야 한다. 왜냐하면 부스러기 등이 생기면 나중에 타래과의 겉부분 색깔이 좋지 않기 때문이다. 또한 손으로 모양을 내야하기 때문에 꼬와주는 순간에 반죽이 끊어질 수 있기 때문에 조심해야 한다.

☯ 타래과 만들기

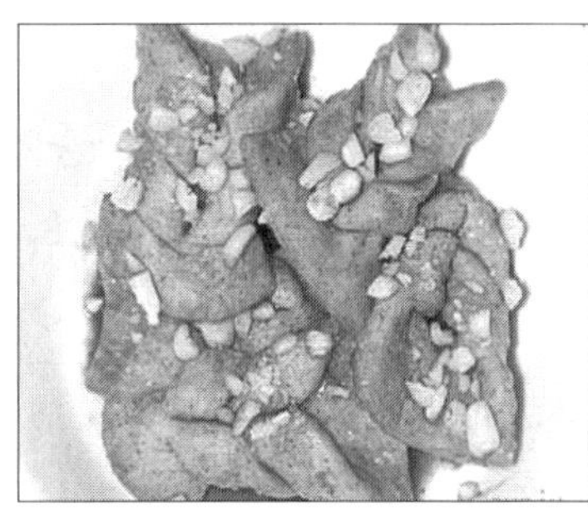

기본재료

▶ 밀가루 3컵, 쑥 또는 파슬리 가루 3큰술, 인삼 2뿌리, 흑임자 볶은 것 3큰술, 식용유, 소금 약간씩, 시럽(흑설탕 1/2컵, 물 1/2컵)

만들기

1 밀가루에 소금을 약간 넣고 체에 친다.

2 쑥과 인삼은 잘게 다진다.

3 흑임자는 달달 볶아둔다.

4 밀가루를 3등분하여 쑥이나 파슬리 가루, 흑임자, 인삼을 각각 넣고 무르지 않게 반죽을 한다.

5 반죽을 얇게 밀어 4cm 길이 1.5cm 폭으로 썰어 칼끝을 이용하여 한자 내천자로 칼집을 넣고 칼집낸 사이로 한쪽을 넣어 타래 모양으로 만들어 둔다.

6 150℃의 예열된 기름에 5를 넣고 바삭하게 튀겨낸다.

설탕시럽

① 설탕 45g에 물을 45ml 넣어 설탕물을 만든 다음 중불에 올려서 은근하게 끓여서 절반이 될 때까지 조린다.

② 끓이는 도중에 젓지 않는다. 이때 수저를 대지 말도록 해야 한다. 만약 수저를 대면 설탕이 다시 본래대로 되돌아가 완성시에 깔끔한 음식이 되지 못한다.

7 달콤한 맛을 좋아하는 경우에는 시럽을 만들어 묻혀서 먹으면 좋다. 시럽은 냄비에 설탕과 물을 붓고 젓지 말고 그대로 끓여 1/2컵이 되도록 조린다.

8 시럽이 다되면 여기에 튀겨낸 과자를 잠시 담갔다가 꺼내 체에 밭친 후 담아내면 된다 여기에 잣가루나 아몬드, 땅콩가루, 치즈가루를 뿌려내면 훨씬 고급스럽고 맛있는 과자가 된다.

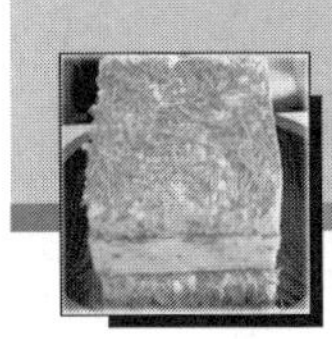

제 2 장 떡 류

떡에 대한 관심에서 출발한 우리떡 연구센터

　떡은 조상 대대로 내려온 곡류 위주의 식문화와 관련된 전통식품이다. 우리식문화를 이끌어 갈 어린이와 청소년층이 점차 떡문화와 멀어지고 우리떡 대신 서구 패스트푸드에 입맛이 길들어져 가는 것이 안타깝다. 이들에게 우리떡의 유래와 우수성을 인식시키지 않으면 고유의 떡문화는 사라질 것이다.

　미국에 있을 때 가끔 실험실 식구들이 모이는 파티에서 우리떡인 인절미를 선보이기도 했다. 한번 먹어본 사람들은 떡에 대한 관심을 가지고 만드는 전통공정에 대하여 질문을 많이 하였다.

이때마다 쌀로 만든 우리떡이 우수하지만 외국인들에게 소개가 되지 않은 것이 안타까웠다. 미국에서 밀가루로 만든 빵처럼 쌀로 만든 떡이 있었다면 세계적인 식품으로 발전되었을 것이다. 왜냐하면 학생들의 높은 관심과 함께 떡을 싫어하지 않았기 때문이다.

우리떡에 대한 관심은 한국에 돌아와서 1997년 충남 개도 100주년 행사에 참석하면서 갖게 되었다. 공주공설운동장에서 충남지역 각시도에서 만든 100가지의 떡을 보고 충청도지역의 깊은 떡문화를 알 수 있었다. 충청도의 넉넉한 이웃사랑 인심과 예로부터 쌀이 많이 생산된 곳에서 그 이유를 찾을 수 있을 것이다. 나는 그때 떡방앗간 수준의 떡가공을 체계적인 연구를 통하여 발전시키는 동시에 세계화시키고 싶은 생각이 들었다.

이런 생각으로 충청도 고유의 떡가공기술을 보유한 분들과 함께 우리떡 연구센터를 열었다. 떡이 대중화되지 못하고 있는 문제점 파악과 개선을 위한 학술발표회 및 토론회를 열어 문제를 인식하고 떡소비를 늘이기 위한 몇 가지 개선방안을 다음과 같이 생각해 보았다.

첫째로 떡은 쉽게 굳어진다는 것이다. 떡의 영양적 우수성은 알고 있지만 오래두면 굳어지는 성질 때문에 떡소비가 줄어들고 있다는 것이다. 냉장고에 밥을 오래두면 그릇 표면으로 밥알의 물이 빠져 나오면서 밥알이 딱딱하게 굳어지는 것과 같은 현상이다. 빵에서도 마찬가지다. 빵은 굳어져도 빵내부에 공기구멍이 많아 굳어지는 것을 잘 느끼지 못하는 것이다.

둘째로 현재 빵집을 열기 위해서 제빵기능사 공부를 하여 기능사 자격증이 있어야 개업을 할 수 있지만 떡집은 아무나 할 수가 있다. 떡가공에 대한 학원이나 교육과정이 없어서 떡제조 기능사 시험도 없는 실정이다. 우리의 떡산업과 맛있는 떡들을 시대에 맞게 개발하고 발전시키기 위해서는 이러한 떡가공에 대한 적절한 교육과정을 배울 수 있는 학원이 필요하고, 또 떡집을 개업하기 위해서는 떡기능사 자격시험 제도도 생각해 볼 수 있다. 전제조건으로 현재 개업한 분들은 그동안 경험을 인정하여 교육을 통하여 떡기능사 자격을 부여할 수 있을 것이다.

셋째로 교육과정에 전통떡에 대한 우수성과 가공방법을 교과서에 소개하여 빵, 마요네즈, 잼 가공방법 보다 강조될 때 우리떡은 우수성을 인정받고 발전할 수 있을 것이다.

이러한 연구 및 기반을 구축하기 위하여 우리떡 연구센터를 설립하게 되었다.

밥보다 앞선 떡의 역사

떡은 우리나라의 대표적인 곡물음식으로서 수 천년의 긴 역정에서 솜씨를 익혀온 보편적인 전통음식인데, 밥짓기보다 훨씬 역사가 앞서 있다.

우리는 신석기 시대 중기 경에 잡곡재배로 농업을 시작하여 기원전 1,000년경에 벼농사를 실시한 이후로 벼농사에 주력하여 벼농사문화권으로 발전하였다. 그러나 한편 잡곡과 콩, 팥의 재배도 겸하였다. 쌀은 밀과 달리 밥으로 해도 좋고 가루로 내어 떡으로 해도 좋은 곡물이므로 조리법이 간단한 밥은 상용주식으로, 떡은 잔치 의례명절의 음식으로 존중되어 품목과 솜씨가 크게 발전하여 왔다.

밥이 상용주식으로 정착한 것은 밥을 지을 수 있는 솥이 일반화된 삼국시대 후기이므로 그 이전에는 떡이 상용음식 의례음식의 구분이 없이 우리생활에 밀착한 친숙한 음식이었다. 물론 떡은 쌀뿐 아니라 잡곡으로도 만들고 콩이나 팥을 섞은 떡도 만들었는데, 여하간, 떡은 밥에 앞서 우리의 에너지원을 공급한 음식이었다.

이와 같이 떡은 우리 전통음식이 가지고 있는 식품배합의 과학성을 유감 없이 발휘하고 있지만, 한가지 염두에 두어야 할 것은 열량이 밥 못지 않게 나간다는 것이다. 양적으로 단순하게 비교하면 밥 한 공기 210g과 떡 150g정도가 열량이 300kcal로 같다.

떡 150g이면 경단 6개 정도밖에 안 되므로 체중조절이 필요한 사람은 떡의 열량을 무시해서는 안 된다. 밥배 따로 떡배 따로가 아니라는 것이다.

한편 이러한 점 때문에 주식으로서의 역할을 할 수도 있다. 특별음식, 의례음식의 자리에서 주식의 대용식, 편의식, 간식으로서 탈바꿈시키자는 것이다. 일부 가정에서는 찰떡을 해서 일정 크기로 포장, 냉동보관 후 아침식사 대용이나 간식용으로 손쉽게 사용하는 경우를 볼 수 있다.

떡을 김치와 함께 먹을 때 맛이 있다는 경험을 한 적이 있을 것이다. 속담에도 떡 줄 사람은 생각도 않는데 김칫국부터 마신다하지 않는가? 의미는 다른데 있지만 떡에는 김칫국이 항상 따라다닌 것을 알 수 있다. 영양면에서도 효과적인 방법이라고 생각한다.

생산하는 방법은 달라질지언정 전통의 맛은 지키자는 것이다. 요즈음 떡을 쉽게 만들기 위해 공장에서 생산된, 그것도 달기 만한 팥고물을 일률적으로 사용한다거나, 달아서는 제 맛이라고 할 수 없는 떡도 웬일인지 달게 만들어 판매하고 있어 얼굴을 찌푸릴 때가 있다. 떡을 생산하는 사람은 떡 만드는 방법을 바로 익혀 전통적인 맛을 지켜주었으면 하는 바람이다.

우리떡 전시회를 보고 나서

떡을 좋아하는 사람들은 떡을 즐겨 먹기는 하지만 우리 전통떡의 종류가 다양한지를 아는 사람은 드물다. 우리떡 연구센터에서 열린 떡 전시회를 보고 우리떡을 인식하는 학생들이 의외로 많다는 것을 알았다. 모양도 가지가지, 이름도 다양하고, 색깔 또한 각양각색에 감탄하는 분위기였다.

가지각색의 떡을 보면서 어떤 것부터 먹어볼까 망설이다가 내가 처음 집어든 떡이 노란 고물에 쌓여있는 두텁떡이었다. 두텁떡이 가장 맛있다는 소문이 있었기 때문이었다.

맛은 찹쌀떡과 비슷했지만 조금 달랐다. 입안에서 계피향이 나면서 팥고물의 맛이 더 강하게 느껴지는 것 같았다. 하지만 떡의 겉면에 묻혀진 고물이 입맛에 맞지 않았다. 두텁떡에서 이러한 점만 개선되면 신세대 입맛에도 안성맞춤이라는 생각이 들었다.

고물이 안팎으로 있어서 떡의 맛을 제대로 음미할 수가 없었다. 이 떡의 맛은 계피향과 안에 들어있는 고물의 맛의 조화인데 겉고물을 묻힘으로서 그 맛을 상실하게 하는 듯했다. 또한 겉고물을 입힘으로써 떡을 먹은 후에 목에서 느껴지는 답답함 때문에 찹쌀떡이 먹고 싶었다.

물론 여러 가지 떡을 맛볼 수 있었지만 두텁떡이 가장 맛이 좋아 두텁떡 쟁반이 가장 먼저 비었다. 찹쌀떡과는 다른 맛을 느껴 봤다는 게 참 좋았고 또 다른 다양한 떡의 맛과 화려한 떡들을 볼 수 있는 전시회는 매우 유익하였다.

가끔 전통 식품(한과, 약과)을 사다먹곤 해서 느끼는 것인데 전통 식품도 일반 매장에서 판매를 할 수 있게 되었으면 한다. 항상 그런 식품들을 먹으려면 유과나 한과를 전문적으로 파는 가게에 가야만 하는 번거로움이 있었다. 일반 매장에 있다고는 해도 종류가 몇 안되어 선택의 폭도 좁고 전통식품을 사먹기가 불편할 때가 많았다. 떡도 마찬가지다.

앞으로는 사람들이 많이 생각하는 것처럼 퓨전 떡이 인기를 끌지 않을까? 아울러 간편하게 먹을 수 있는 떡들이 출시되어 식사 대용으로도 이용할 수 있지 않을까 하는 생각도 해본다.

베이커리점 같이 떡전문 매장에서 좋아하는 떡을 구입하여 전통차 한잔을 놓고 우리 먹거리의 우수성을 그려 볼 수 있는 때가 오기를 기대하면서….

경기도지방 두텁떡과 영양

두텁떡은 시루떡의 한 종류로 경기도 지방의 떡으로 알려져 있다. 이 떡은 쌀가루를 간장으로 간을 한 궁중의 대표적인 떡으로서 봉우리떡 또는 합병(盒餅) 또는 후병(厚餅)이라고 한다. 이는 다 연유가 있어 붙은 이름이다.

떡을 시루에 앉힐 때 보통 시루떡처럼 고물과 떡가루를 평평하게 앉히는 떡이 아니라 떡의 모양을 작은 보시기 크기로 하나씩 떠낼 수 있게 소복소복하게 하므로 봉우리 떡이라 한다. 또 후병은 편편히 썰어내는 것이 아니라 도독하게 하나씩 먹는다는 뜻으로 두꺼운 후자가 붙은 것인데, 합병은 소를 넣고 뚜껑을 덮어 앉히는 격이므로 그릇중 합과 비슷한 모습이어서 붙은 이름이다.

이 떡은 다른 떡과 다른 점이 여러 가지 있다. 고물은 볶는 데 끈기가 필요하다. 그리고 유자를 미리 설탕에 재웠던 것을 다져서 섞어야 향기가 난다. 그런데 이것이 없을 때는 병에 담아 팔고 있는 유자차를 이용하면 된다. 밤은 껍질을 까고, 대추는 씨를 빼고 갈라서 잣은 고깔을 벗겨 놓는다.

첫째로 팥은 뛰어난 건강식품으로 비타민 B와 사포닌이라는 특수성분이 많이 들어 있어 독을 풀고 배변을 촉진하여 장을 깨끗이 해 준다. 특히 팥 껍질은 장이 활발하게 연동운동을 하도록 도와 장벽의 더러움까지 씻어 준다. 또 팥 속에 들어있는 비타민 B는 전분의 소화를 돕는 작용이 뛰어나서 찹쌀팥밥, 단팥죽, 팥 경단 같은 음식들은 영양가도 뛰어나지만 소화, 흡수율도 좋다(팥에는 녹말 등의 탄수화물이 약 50% 함유되어 있으며, 그밖에 단백질이 약 20% 함유되어 있다).

둘째로 찹쌀에는 전분의 일종인 아밀로펙틴이라는 물질이 있어 이것이 소화, 흡수를 촉진시키며 설사를 멈추게 하는 작용을 한다.

셋째로 계피는 방향성(芳香性)의 건위제(健胃劑)로 다른 산제(散劑)와 배합하여 식욕 증진제로 쓰인다. 또한 감기를 포함한 소화기와 순환기 질환 ·급성열병 ·노인병 등에도 효과가 있다.

넷째로는 대추를 들 수 있는데 대추는 지방유(脂肪油) 74%, 단백질 15%를 함유하며 이뇨·강장(强壯)·완화제(緩和劑)로도 쓰인다.

마지막으로 잣은 지방유(74%), 단백질(15%)을 함유하며 자양강장의 효과를 지니고 있다.

한편, 영양적인 결점을 보면 이 떡의 원료들은 다양한 영양물질을 가지고 있으나 대체로 전분질과 비타민 B, 그리고 단백질로 이루어져 있기 때문에 떡이 포함하지 않는 다른 영양물질들의 섭취가 필요하다. 또 영양물질이 있다고는 하나 소량이 함유되어 있을 뿐이라 좀 더 많은 영양물질이 필요하다. 지방이라든지 무기질, 그리고 타 비타민의 섭취가 필요하다.

부족한 영양물질을 섭취할 수 있게 다음에 이 떡을 만들 때에는 야채나 과일을 보강하는 것이 어떨지 생각해본다.

 두텁떡 만들기

기본재료

▶ 참쌀가루(5컵), 간장(1큰술), 설탕(1큰술)라, 팥(5컵), 간장(4큰술) 설탕(1컵), 계핏가루(2작은 술), 후춧가루(약간), 볶은 팥고물(3컵), 밤(10개), 대추(10개), 잣(2큰술), 유자껍질(1개분), 설탕, 꿀, 유자청

만들기

[1] 볶은 팥고물은 참쌀은 씻어 하룻밤 정도 불려서 가루로 빻아 체에 친다. 떡가루에 간장을 넣어 고루 비빈 후 다시 체에 내린 다음 설탕을 넣고 고루 섞는다.

[2] 거피팥은 하룻밤 정도 충분히 불려서 말끔히 거피하여 베보자기를 깔고 찜통에 푹 무르게 찐다. 보통 묵은 거피팥이 햇거피팥 보다 익는 시간이 더 오래 걸린다.

[3] 무르게 익은 팥을 큰그릇에 쏟아서 방망이로 대강 찧어 으깨어 뜨거울 때 체에 내린다.

[4] 거피팥고물에 간장과 설탕, 후춧가루, 계핏가루를 넣고 골고루 섞어 두꺼운 번철(부침개질·지짐질을 할 때 쓰는 둥글넓적한 철판)에 기름에 두르지 않고 두 세 번에 나누어서 보슬보슬하게 될 때까지 볶은 다음 고물을 식혀 체에 쳐서 볶은 팥고물을 만든다. 고물을 볶을 땐 주걱으로 눌러가며 뒤집어 주어야 고물이 껄끄럽지가 않다.

[5] 밤은 껍질을 벗겨서 여덟 조각 정도로 썰고 대추는 씨를 발라

내어 밤과 같은 크기로 썰고, 잣은 고깔을 떼어놓는다. 유자는 설탕에 재워 두었다 건져서 곱게 다진다.

6 볶은 팥고물 중 2컵을 덜어 꿀, 유자청, 다진 유자를 고루 섞은 후에 밤, 대추, 잣을 박아서 직경 2cm 정도의 동글납작한 모양의 소를 빚는다.

7 시루에 젖은 베보자기를 깔고 고물을 한 켜 넉넉히 고르게 깐 다음 간장으로 간을 한 떡가루를 한 수저씩 드문드문 놓고 떡가루 가운데에 팥소를 하나씩 놓는다. 다시 그 위에 떡가루를 한 수저씩 덮고 볶은 팥가루를 가만히 부리고 우묵하게 들어간 자리에 같은 법으로 안친다.

8 김이 오른 솥에 30분 정도 찐 다음 대꼬치로 찔러 흰 가루가 묻어나지 않으면 불을 끄고 내려 뜸을 들인다. 익은 떡은 한 김 식힌 후 보자기를 목판이나 쟁반에 들어낸 후 한 숟갈씩 떠내어 그릇에 담는다.

전라도 전통떡 모시송편

내가 모시 잎을 섞어 만든 모시송편을 처음 대해본 때는 가을이었다. 오래전 친구 집에서 처음으로 맛본 떡이었다. 친구의 부모님이 전라도 분이신 데 전라도 떡이라면서 먹어 보라고 하셨다. 생김새는 쑥 송편과 별반 다를 바가 없었다.

처음 봤을 때 '이거 쑥 송편 아니에요?' 하고 물었는데 친구의 어머니께서 '모시송편이라고 들어봤니? 먹어봐. 아주 맛있단다.'라고 대답해 주셨다. 처음에 호기심으로 맛보았다. 향도 쑥향과 비슷했다. 그러나 쑥송편과 조금 다른 것이 있다면 씹을 때 더 쫄깃거림이 느껴지는 것이었다.

집으로 돌아와서 어머니께 물어봤다. 어머니께서도 모시송편에 대해 알고 계셨고 모시송편에 대한 칭찬이 대단하셨다. 모시잎을 넣어서 반죽하면 더 쫄깃거린다고 하셨고 떡을 만들고 나서 더 오랫동안 보관할 수 있다고도 하셨다.

난 여태까지 송편이 그냥 흰 맵쌀 송편과 쑥 송편만 있는 줄 알았는데 다른 종류가 있어서 놀랐다. 또 옷을 지어 입는 주재료인 모시를 이용한 송편이라는 것에 대해서는 더욱 감탄했다. 모시송편이 처음 만들어진 것은 고려시대인데 옛 선조들이 모시로 옷을 해 입은 것은 더 오래이다. 어떻게 선조들이 옷을 만드는 모시로 옷도 만들고 모시잎으로는 떡을 만드는 것을 생각해 낼 수 있었을

까? 이것도 우리 조상의 지혜였던 것이다.

모시송편이라고 하면 전라도 지방 사람 외에 다른 지역 사람들은 생소할 것이다. 모시송편에 많이 들어있는 칼슘, 철, 비타민은 우리에게 유익한 식품임을 말해준다. 그리고 송편 안에 넣는 고물은 영양적인 면에서 다양하게 할 수 있다.

모시송편의 제조방법과 특징에 대하여 부모님과 함께 생각 해봄으로써 좋은 시간이 되었던 것 같다. 우리 주위에서 많이 접하고 있는 곡류 가공식품 공정에 대하여 이해할 수 있는 기회가 되었다. 우리의 전통을 너무 잊어버리고 있었던 것 같다.

피자, 햄버거, 인스턴트 식품에 흠뻑 젖어있는 많은 이들에게 전통 식품을 많이 알렸으면 한다. 우리 것을 사랑하고 우리 것을 바탕으로 발전해 나갈 때 참다운 나아감이라고 생각해 본다.

모시송편과 고물의 영양

모시잎에는 섬유소가 들어있어 다이어트의 효과가 있다.

요즘 젊은 여성이든 남성이든, 나이가 든 여성이든 남성이든 미를 추구하는데는 남녀노소가 없다. 모시 잎에는 체중을 줄이는데 효능이 있는 섬유소가 많이 있으므로 다이어트 모시송편 식이요법도 체중조절에 효과적인 것이다.

송편의 반죽에 모시잎을 첨가함으로써 송편의 색을 선명하게 해주어 시각의 효과가 있다. 또 모시잎을 넣게되면 다른 송편보다 저장기간을 더 길게 할 수 있다. 모시의 특유향을 느낄 수 있는 게 매력이다.

영양적인 결점을 보면 쌀의 성분 중 부족한 것이 지방과 섬유소, 칼슘, 철, 비타민 A와 C 등이다. 이렇게 쌀에 부족한 영양성분을 보충하기 위해서 칼슘과 섬유, 비타민 A, B, C, 엽록소가 들어 있는 모시잎을 함께 먹으면 쌀의 부족한 영양성분을 보충하여 인체의 항체 능력을 높여주고 소화도 향상시킬 수 있어 좋다.

굳은 떡과 같이 모시송편은 수분이 적어 20% 밖에 안되고 또 양에 비해 칼로리가 아주 높아져 과식하지 않도록 조심해야 한다. 전분이 주성분이기 때문에 많이 먹으면 뚱뚱해질 염려가 있으므로 적당히 먹어야 한다.

모시송편에 곁들여지는 고물은 밤, 대추, 참깨이며, 영양적인 면에서 살펴보면 다음과 같다.

밤은 생률, 환율 어떤 것이든 상관없지만 떫고 거칠거칠한 누런 속껍질을 벗기지 않은 생률이 더 좋다. 밤을 넣은 송편은 밤의 영양적인 면이 뛰어나다. 밤의 효능은 호흡기 질환에 효과가 크기 때문에 예부터 민간요법으로도 널리 응용되어 왔었다. 밤뿐만 아니라 밤나무의 잎에도 그런 작용이 있다.

어느 동물원에서 원숭이들이 기침 감기로 소동을 피웠을 때 밤나무 잎을 삶아 먹이고 깨끗이 치료했다는 뉴스가 있었듯이 밤뿐만 아니라 밤나무 잎에도 호흡기 질환을 치료하는 호흡기 보강작용이 있다. 밤의 효능에는 체내 에너지 증강과 소화관 기능 향상작용까지 있으므로 허약하고 소화기까지 약한 체질에도 무난하게 쓸 수 있다.

대추를 넣은 송편 또한 영양적인 면이 뛰어나다. 당류, 유기산류, 칼슘, 비타민 C 등이 함유되어 있는 대추는 소화기 기능을 보하고 마음과 의지를 견고하게 하여 흔들리지 않게 하고 기운을 더해주어 몸에 힘을 가져다 준다. 대추는 음양을 조화시키는 식품이다. 체내 영양물질과 방위능력을 조절하며 체내의 영양물질과 체액을 생성시킨다. 대추는 강정, 강장, 보정, 보양 효과가 뛰어난 식품으로 인정받고 있다.

참깨는 한방에서 종자를 흑지마(黑芝麻)라는 약재로 쓰는데, 피부 점막의 회복을 촉진한다. 그리고 혈액의 콜레스테롤 수치를 줄인다. 또한 장운동을 활발하게 한다.

☯ 모시송편 만들기

기본재료

▶ 모시 잎 50g, 멥쌀가루 1되, 밤 10개, 참깨 1/2컵, 꺼피 팥 1컵, 대추 10개, 소금 2큰술, 꿀 4큰술, 계피가루 2작은술, 참기름

만들기

[1] 모시잎은 끓는 물에 소금을 조금 넣고 살짝 데친다.

[2] 쌀을 물에 6시간 정도 불려 놓는다.

[3] 데친 모시잎과 불린 쌀의 물기를 빼고 함께 곱게 갈아 익혀서 반죽한다. 이 때 소금으로 반죽의 간을 맞춘다.

[4] 밤은 삶아 속껍질을 벗기고 뜨거울 때 곱게 으깨어 고물을 내고 꿀과 계피가루를 섞어 반죽하여 타원형으로 빚는다.

[5] 대추는 씨를 빼고 다져서 꿀에 재둔다.

[6] 깨는 볶아 빻고 팥은 껍질을 벗겨 쪄서 으깬 다음 꿀과 계피가루를 섞어 둥글게 빚는다.

[7] 반죽을 밤톨만큼씩 떼어 준비한 각각의 소를 넣고 둥글게 빚어 가운데를 양손으로 살짝 누른 뒤 찜 솥에 쪄내어 참기름을 바른다.

[8] 송편을 낼 때는 서양식 그릇보다는 한식그릇에 담는다. 나무 질감을 그대로 살린 그릇에 솔잎 몇 장 깔고 너무 많지 않은 수의 송편을 돌려가며 담는다.

경단에 담긴 이야기

경단을 처음 먹은 것은 언제 인지는 모르겠지만 어렸을 적부터 인 것 같다. 어머니가 내 생일이 되면 꼭 해주신 것이 지금까지도 기억에 남는다.

어머니를 도와 드리겠다고 찹쌀가루 반죽해 놓은 것을 둥글게 빚기도 하고, 동그랗게 다 빚어 놓은 것은 끓는 물에 퐁당 빠뜨려 보기도 한 것 같다. 한번은 끓는 물에 많은 양의 빚어놓은 반죽을 넣었다가 뜨거운 물이 손에 튀겨서 울기도 하고, 반죽한 덩어리들 끼리 뭉쳐서 떨어지지 않아 어머니에게 혼나기도 하였다

작은 경단은 은행, 크게 빚은 경단은 밤 크기로 둥글게 빚은 경 단을 끓은 물에 담가 삶아서 찬물에 담갔다가 고물이나 여러 가지 가루를 준비해 놓은 것에 굴려야 하는데 어린 나는 뜨거운 것을 그 냥 고물에 묻혀 바로 먹다 입안이 덴 기억이 있다. 얼마나 뜨겁던 지.

이런 추억들 이외에도 즐거운 추억들도 떠오른다. 생일에 친구 들을 초대해서 우리 엄마가 직접 만들어 줬다고 얼마나 자랑을 했 던지… 친구들이 부러워하는 것이 얼마나 기뻤는지 모르겠다.

색깔 또한 알록달록 너무 예뻐서 친구들이 먹기에 너무 아깝다 고 하였던 어렸을 적의 추억. 이러한 경단에 대한 추억은 누구나 있을 것이다. 그러나 지금은 가족들과 함께 경단을 만들었던 일보

다 찹쌀의 주성분인 아밀로펙틴이 경단의 찰기를 내는 메커니즘을 실험을 통해 입증하는데 관심이 있다.

경단을 비롯한 떡류를 접할 때 항상 옛날의 가족들의 그림이 드려진다. 우리 집 사내아이들도 경단을 무척 좋아한다. 당연히 먹지 않을 것이라는 생각으로 한 번도 떡을 사서 가져온 적이 없었다. 그런데 얼마 전 인사차 후배 부부가 집으로 들린 적이 있다. 손에 들린 고급스러운 포장 안에는 경단을 비롯한 여러 가지 떡들이 보기에도 황홀하게 색깔을 뽐내고 있었다.

아이들은 자신들의 분량만큼 덜어준 경단을 비롯한 여러 가지 떡들을 눈 깜짝할 사이에 맛있게 먹고 이쪽을 넘보고 있었다. 특히 호기심이 많은 작은 아이는 옛날의 떡이름들은 참으로 재미있다고 했다. 왜 경단이라고 불렀냐며 '짱뚱이' 이야기에 나온 이름들을 실제로 보고, 맛보니 여간 경이로운 것이 아닌 것 같았다. 둘째 아니는 '짱뚱이' 팬이다. 그래서 인지 더욱 부지런히 입맛을 다시는 모양새가 예사롭지 않았다. 더군다나 달짝지근한 맛에 쫄깃거리는 맛이 여간 마음에 드는 눈치가 아니었다.

찹쌀로 만들었다고 하니 집에 있는 찹쌀로 당장 만들어 보자고 하였다. 짱뚱이네도 집에서 만들어 먹었다고 했고 나 역시도 어릴 적 할머니께서 만들어 주셨다고 하자 아주 신바람이 났다. 아내는 난감해 했고 요 앞에 떡집에서 당장 사 먹을 수 있으니 요번에 사주고 다음에 만들어 주겠다고 했는데 어찌 기다릴 수 있을까 짱뚱이와 똑같은 느낌을 가지고 싶은 모양인지 쉽게 수락하지 않았다.

그 날 찹쌀을 불린다. 찹쌀 가루를 산다 어쩐다 한 바탕 난리를 치고, 둘째 아이의 일기장엔 짱뚱이의 경단이야기와 자신의 경단이야기가 그 날 저녁 나란히 쓰여 있었다. 짱뚱이의 경단이야기에 나의 어린 시절 경단이야기가 둘째에게 밀려 버렸지만, 경단은 아들에게 훗날 자신의 어린 시절 추억을 하나 만들어 주었다.

차 마신 뒤 후식으로서의 경단의 역할도 넉넉하고 격이 있다. 서양에선 타핑을 얹어 먹는 케이크나 파이가 있다. 주식을 먹고 난 뒤 후식으로 서양에서 많이 먹는 케이크, 파이, 쿠키 대신에 경단은 어떨까?

경단은 만들 때 손이 많이 가지만 맛이 좋아 후식으로 즐겨 먹을 수 있다. 경단의 고물을 초콜릿이나 다른 고물로 여러 가지로 변화를 줄 수도 있고 다른 떡에 비해 비교적 손쉽게 만들 수 있다. 찹쌀가루를 한꺼번에 빻아서 말려 비닐주머니에 넣어 보관하였다가 때때로 손수 만들어 보는 것도 생활의 즐거움이 될 것이다.

경단의 영양

경단 6개, 한 접시를 기준으로 계산한 영양가를 보면 칼로리 600cal(당질 525cal, 단백질 50cal, 지질 50cal)이다.

경단이 함유하고 있는 에너지원은 당질, 단백질, 지질로 구분하여 설명될 수 있다. 당질은 주된 에너지원으로 이용되며 체내에서 포도당으로 전환되어 혈액으로 흡수되고 세포 내로 들어가 에너지로 변하게 된다. 인체 내에서 사용하고 남은 포도당은 나중에 사용되기 위하여 글리코겐이라는 형태로 바뀌어 간과 근육에 저장되고 일부는 지질로 바뀌어 지방세포에 저장된다. 저장되었던 글리코겐은 운동을 할 때처럼 추가로 에너지가 필요할 때 급히 포도당으로 되돌아가 에너지원으로 이용된다.

단백질은 신체를 구성하고 건강유지에 필요한 여러 가지 물질의 운반체로서 주로 근육, 피부, 혈액 등을 만들거나 보수하는데 이용된다. 체내에서 필요한 양보다 많은 양의 단백질을 섭취했을 때는 지질로 전환되어 저장되었다가 필요시에 에너지원으로 사용된다.

에너지원으로 주로 사용되는 지질은 소비에너지량보다 많이 섭취하면 남은 양은 체지방의 형태로 저장되어 오랫동안 식사를 하지 않았을 때 에너지원으로 사용된다. 지질은 우리의 체온을 유지하는데 사용되기도 한다.

경단의 대부분을 차지하는 쌀 전분에 물과 열이 가해지면 온도 상승에 따라 전분 분산액은 점도가 매우 큰 투명 또는 유백색의 콜로이드용액을 형성하고, 농도가 클 때나 냉각되면 반고체의 겔을 형성하는 현상이 생기는 데 이를 전분의 호화라고 한다.

즉, 규칙적인 분자배열을 갖는 베타전분이 불규칙한 분자배열을 갖는 알파전분으로 바뀌는 것이다. 호화된 즉, 알파화된 전분은 물과 온도에 의해 팽윤현상이 일어나 효소작용을 받기 쉬워져서 소화되기 쉽다.

찹쌀과 멥쌀의 비중은 1.08 및 1.13으로 찹쌀이 조금 가볍다. 성분상에는 큰 차이가 없으나 전분의 성질은 다르다. 즉 찹쌀전분은 아밀로펙틴이 많고 아밀로오즈가 적어서 점성이 강하나 멥쌀전분은 찹쌀전분보다 아밀로펙틴이 적어서 점성이 약하다. 전분의 호화온도는 찹쌀이 70도 이상, 멥쌀 65도이고, 전분의 요오드 반응은 멥쌀은 청자색을 띠나 찹쌀은 적갈색을 띤다.

찹쌀을 주원료로 사용한 경단은 성분상으로 덱스트린의 형태로서 화학적으로 멥쌀의 전분에 비해서 당화가 빨라 소화흡수가 양호하나 떡으로 만들면 치밀해지고 점성이 강해서 소화액의 침투가 어려워진다. 그러므로 찹쌀로 만든 떡을 먹으면 오랫동안 속이 든든한 느낌이 든다.

호두찹쌀경단은 중초(中焦)를 보하고 배뇨를 억제하는 작용을 한다. 호두는 하초(下焦)를 따뜻하게 하여 설사와 변비에 도움이 되고, 신장 기능을 강화하여 비뇨기계의 이상을 진정시킨다.

반면에 찹쌀은 전분 외에 질이 좋은 단백질을 가지고 있지만 지방이 적고 칼슘과 철분, 섬유질의 함량이 거의 없다. 경단의 맛이 좋은 탓으로 계속해서 장기간 많이 먹게 되면 비타민 B_1과 일부 아미노산, 무기성분의 결핍을 가져온다.

이러한 결핍증을 해결하기 위하여 현미찹쌀을 이용하여 경단을 만들면 물에 불리는 시간은 오래 걸리겠지만 현미찹쌀 낟알의 외피층에 많이 분포되어 있는 비타민 B, 주로 효소형태로 존재하는 양질의 단백질, 쌀지방인 오리제놀의 함량이 충분하여 이러한 영양적인 결점을 해결할 수 있을 것이다.

호두찹쌀경단이나 참깨찹쌀경단은 호두나 참깨가 보강되므로 영양적인 문제점을 해결하고 맛도 향상시킬 수 있을 것이다.

☯ 경단 만들기

기본재료

▶ 찹쌀가루, 물, 소금, 고물(콩가
루, 밤, 대추, 카스테라, 코코
아가루)

만들기

1 우선 찹쌀을 깨끗이 씻어 4~5시간 정도 불려 건져서 물기를 뺀후, 소금을 넣고 가루로 빻아 체에 곱게 친 것을 준비해 놓는다.

2 소금을 넣어 가루 낸 찹쌀가루는 고운 체에 내린다. 체에 내린 찹쌀가루는 덩어리가 지지 않아 반죽이 부드럽다.

3 찹쌀가루에 끓는 물을 넣어 오래 치대면서 익반죽하여 젖은 보를 싸 둔다. 끓는 물로 반죽해야 늘어지지 않고 차지게 된다. 설탕을 섞으면 덜 굳는다. 찹쌀가루 반죽은 반드시 끓는 물로 익반죽을 해야 삶을 때 늘어지지 않는다.

4 반죽을 똑같은 크기로 떼어 동글동글하게 빚는다. 두개를 손바닥에 놓고 누르지 말고 굴리면서 비빈다. 두개씩 빚으면 빨리 끝낼 수 있다.

5 냄비에 물을 넉넉히 끓이고 소금을 조금 타서 경단을 쏟아 넣는다. 주걱으로 휘젓고 떠오르면 조리로 건져 찬물에 넣어 따뜻한 기가 없을 때까지 헹궈내어 고물을 묻힌다.

6 모양이 찌그러지기 쉬우므로 손으로 묻히지 말고 넓은 쟁반에 고물을 펴 담고 경단을 놓아 쟁반을 흔들어주면 매끈하게 묻힐 수 있다.

수수로 만든 부꾸미떡

대부분의 떡은 찹쌀이나 멥쌀을 물에 담가서 가루를 낸 다음 쪄서 반죽을 형성시켜서 갖가지 모양으로 빚어내는 과정을 거친다. 우리 조상들은 찹쌀이 넉넉하지 않을 때 다른 곡류를 이용하여 맛과 색깔이 다른 떡을 빚어서 먹곤 했다.

가을날 줄기, 잎, 이삭 등이 노랗게 변할 때는 수확한 수수로 정성스럽게 만든 수수떡이 생각난다. 수수의 붉은 색소 때문에 붉은 송편처럼 생긴 수수떡, 사람들은 그것을 수수 부꾸미떡이 라고 한다.

수수 부꾸미떡을 처음 먹어 본 것은 초등학교 때였다. 옆집 할머니께서 커다란 송편을 가져 오셨다. 붉은 송편이었다. 그때까지 내가 먹어본 송편은 하얀 색이 아니면 쑥 색이었는데 붉은 색 송편은 처음 보았기 때문에 왜 송편이 붉은 색이냐며 송편을 한 입 가득 물고 물어 보았다.

그때 어머니는 이 떡은 송편이 아니고, 수수 부꾸미떡이라고 알려 주셨다. 그리고 색이 붉은 것은 수수로 만들었기 때문이라고 하셨다. 이때 선생님에게 들은 재미있는 이야기가 생각이 났다. 호랑이가 떡을 이고 고개를 넘어오던 할머니를 잡아먹고 그 집에 어린 두 남매 마저 잡아먹으려고 했다. 하느님이 이를 보고 두 남매를 가엾게 여겨서 두 남매에게 동아줄을 내려주어서 살려주고 호랑이는 동아줄을 내려줬는데 썩은 동아줄을 내려줘서 떨어져 죽게 했다는 이야기이다. 그때 호랑이가 떨어진 곳이 수수밭이었다. 그래서 그때부터 그 피로 수수가 붉게 변했다고 한다. 지금은 그 붉은 색은 호랑이가 떨어져서 흘린 피 때문이 아니라 붉은 색소인 카로티노이드(carotenoid) 계통의 색소 때문이라는 것을 알지만 그때는 정말 그런 줄 알았다.

대부분의 떡을 찹쌀로 만드는 것은 전분의 구성성분인 아밀로펙틴이 많기 때문이다. 수수에도 아밀로펙틴이 다량 함유되어 있기 때문에 찰기가 있는 붉은 떡을 만들 수 있는 것이다. 수수 부꾸미 떡은 크기도 크지만 떡 속에의 달콤한 팥앙금이 그만이다. 그때 먹었던 수수부꾸미 떡은 참 쫄깃쫄깃 하기도 했다.

지금도 추억 속의 은은한 옛날 기억을 더듬어 보면 고향에 돌아가 부모님과 함께 어릴 적 얘기를 하면서 그때처럼 수수 부꾸미떡을 만들어 먹고 싶다.

수수의 영양적 우수성

수수의 영양적인 효능을 보면 수수는 암예방에 효과적이다. 그 이유는 수수에 들어있는 타닌(tannin)과 페놀(phenol)성분이 항돌연변이 항산화작용 및 항암작용을 하기 때문이다. 수수의 겉껍질에 들어있는 각종 색소는 항암효과가 있다. 또한 타닌(tannin)은 중초(中焦: 염통과 배꼽의 중간)를 덥게 하고 위장을 수렴하며, 기를 보하고 구토와 설사를 멈추게 하는 효능이 있다.

폴리페놀(polyphenol)은 곰팡이에 대한 저항성(종실과 식물체)이 있다. 그리고 수확 전 발아를 억제해주고 저장 중 해충의 피해도 줄여 줄뿐만 아니라 발효식품을 만들 때는 매우 좋은 작용을 한다.

타닌은 항암작용이 있는 반면에 수수로 만든 떡의 색깔을 나쁘게 하는 원인이 되기도 한다. 일반적으로 발효 음료수를 만들 경우를 제외하고는 색깔이 적고 타닌함량이 적은 수수 품종을 선호하게 된다. 수수 음식을 만들 때 타닌의 나쁜 영향을 없애기 위하여 물에 담가 타닌을 우려 뺀 수수를 이용하기도 한다.

에너지	수분	단백질	지방	당질	칼슘	비타민 B_1	비타민 B_2
340kcal	12.0%	10.3g	4.7g	69.5g	9mg	0.10mg	0.03mg

수수의 영양성분 함량(성분/100g)

부꾸미떡도 대중화시킬 수 있다

전통식품을 대중화시키기 위해서 우리는 무엇을 해야 할까? 우선 우리의 전통식품의 문제점을 파악하고, 현재 서양식품이 대중화가 될 수 있었던 이유를 알아내야 한다.

첫째, 우리의 전통식품은 앉아서만 먹어야 될까? 서양요리 중 크레이프라는 요리가 있다. 이태리 전역에서 만들며, 크레이프는 얇고 연하여 터지거나 찢어지기 쉽다. 이 요리는 밀가루 반죽을 넓고 얇게 부쳐서 여기에 여러 가지 야채, 과일, 고기, 아이스크림을 넣고 부채모양으로 접어서 종이에 싸서 들고 다니면서 먹을 수 있는 요리이다. 멕시코 음식인 부드러운 타코(soft taco)도 크레이프와 마찬가지다.

수수 부꾸미도 이 요리처럼 반죽을 넓게 부쳐서 여러 가지 고물을 넣어 들고 다니면서 먹을 수 있게 개량하는 것이다. 고물을 김치로 하는 방법도 좋을 것이다. 수수 부꾸미를 특별한 날 먹는 음식이 아닌 햄버거, 붕어빵처럼 손쉽게 사서 먹을 수 있게 해야한다. 그러려면 수수 부꾸미 겉을 손에 묻지 않고 기름기를 흡수할 수 있는 재질의 종이로 싸는 것이다. 또 다른 방법으로는 수수 부꾸미를 한 입에 들어갈 수 있을 만큼 작게 만들어서 꼬치에 꽂아 들고 다니면서 먹을 수 있게 만드는 것이다.

둘째, 전통식품을 패스트푸드나 제과점처럼 할 수는 없을까?

수수 부꾸미는 만드는 방법이 간단하다. 크레이프 전문점처럼 여러 가지 맛의 부꾸미를 개발해서 부꾸미 전문점을 만든다. 여기에 음료도 우리나라 전통 음료를 함께 판매를 하는 것이다. 또한 제과점처럼 떡이나 한과류를 소량포장해서 저렴한 가격에 판매한다. 떡은 빵에 비해서 노화가 잘 되고, 유통기한이 짧은 문제점이 있다. 이 문제점이 해결된다면 떡 전문점을 제과점처럼 활성화시킬 수 있을 것이다.

마지막으로 전통식품에 대한 자부심이 있어야 한다. 우리의 전통식품이 프랑스음식이나, 이태리 요리 등 서양음식에 결코 뒤지지 않는다. 오히려 영양 면에서 골고루 섭취 할 수 있다. 우리는 새로운 음식에 현혹되어 우리의 전통음식을 기피한다. 우리는 이러한 태도를 반성하고 우리의 전통음식을 찾아내고 대중화시켜야 한다.

☯ 수수 부꾸미떡 만들기

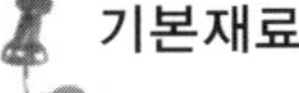

▶ 찰수수, 팥, 계피, 대추, 쑥갓

만들기

1 찰수수는 깨끗이 씻어 6시간 정도 불린다.

2 소쿠리에 건져 물기를 빼고 소금을 약간 넣고 곱게 빻는다.

3 팥을 삶아 고운 체에 내려 팥앙금을 만든 후 설탕을 넣고 조려서 소를 만든다.

4 수수가루는 뜨거운 물을 붓고 말랑하게 익혀서 반죽한다.

5 반죽한 것을 직경 5~6cm 가량으로 동글납작하게 빚는다.

6 팥앙금(또는 녹두앙금, 고기, 나물)을 낸 팥에 설탕과 계피가루를 넣고 갸름하게 소를 만든다.

7 프라이팬에 기름을 두르고 지지면서 한 편에 준비된 팥소를 넣고 반을 접는다.

8 대추를 얇게 잘라 말고 쑥갓은 조그맣게 뜯어 수수 부꾸미 위에 박아 장식한다.

9 수수껍질에 있는 타닌(tannin)의 떫은맛을 내는 성분이므로 제거하면 수수떡의 맛이 부드러울 수 있다.

제3장 면류

밀가루가 반죽이 되는 이유

밀은 세계적으로 가장 많이 재배되고 있는 곡류이다. 면류의 대부분은 밀가루를 사용하여 만들고 있다. 어릴 때 밀가루에 물을 붓고 손으로 잠깐만 주무르면 쫄깃쫄깃했던 밀가루반죽의 경험이 있을 것이다. 밀가루에는 밀단백질인 글루텐(gluten)이 있어 온도에 관계없이 밀가루에 물과 힘이 투입되면 반죽이 된다. 글루텐분자들이 서로 결합을 하여 그물망처럼 서로서로 결합하면서 고무와 같은 성질을 가지는 반죽이 되는 것이다.

쌀가루는 아무리 밀가루와 같이 물을 넣고 반죽을 하려고 하여

도 반죽이 되지 않는다. 쌀가루에는 밀단백질인 글루텐이 존재하지 않기 때문에 반죽이 되지 않는 것이다. 그러나 쌀밥이나 찹쌀밥은 반죽이 된다. 쌀반죽은 쌀에 포함된 전분이 물과 함께 조리될 때 반죽이 형성되므로 쌀국수나 쌀빵을 만들려면 밀가루를 섞어야 하는 것이다. 밀가루에는 글루텐이 들어있기 때문이다.

밀가루에 들어있는 글루텐 때문에 국수, 냉면, 스파게티, 파스타, 우동과 같은 면발이 형성되는 것이다. 미국에서 밀가루도 지금은 밀에 존재하는 기능성이 강조되어 밀알 전체를 가루로 만든 통밀가루(whole wheat meal)에 대한 영양가를 소비자들도 인식하고 있기 때문에 통밀빵, 통밀스파게티, 통밀쿠기, 통밀스낵의 인기가 높아가고 있다.

이러한 이유는 현미와 마찬가지로 밀알의 외부 껍질부분에 섬유질 효소 미네랄이 있어 현대인에게 필요한 영양소가 있는 것이다. 우리 모두 하얀 밀가루 보다 색깔이 밝지 않은 통밀가루로 만든 국수나 빵을 좋아하는 식습관을 갖게 된다면 비만, 고혈압과 같은 현대인의 병을 예방할 수 있다.

밀가루가 쌀, 보리, 옥수수 보다 다른 성질은 물과 반죽하는 힘만 주어진다면 낮은 온도에서 끈기가 있는 반죽이 형성된다는 것이다. 이러한 반죽을 만드는 밀가루에 들어있는 글루텐 성분 때문에 빵과 국수와 같은 밀가루 식품이 만들어진다.

이러한 밀가루 단백질, 글루텐에 의해 형성되는 반죽형성력 이외에 밀에는 다양한 기능성 성분이 있다.

밀도 쌀과 마찬가지로 과피층의 겉부분에는 섬유소가 많이 포함되어 있고, 과피층의 안쪽에는 비타민, 무기질, 양질의 단백질인 효소가 많이 포함되어 있다. 또한 총 밀알 크기의 2~3%을 차지하는 밀배아에는 수용성 당인 슈크로즈(설탕)와 라피노즈, 배아 성분의 30%는 지질이다. 비타민 B가 배아에는 많이 함유되어 있다.

내배유 부분에는 전분과 밀단백질로 이루어져 있다. 밀단백질은 그리아딘과 그루테닌으로 구성되어 있으며 상온에서 반죽을 형성하는 유일한 곡류 단백질이다. 특히 필수 아미노산인 라이신은 내배유 부분에는 존재하지 않는다. 밀에 포함된 라이신의 대부분은 과피층에 존재한다. 즉 밀가루도 흰색의 밀가루 보다 밀기울이 섞인 밀가루가 영양가가 훨씬 높다고 할 수 있다.

밀단백질인 그리아딘은 소장의 돌기를 낮게 하여 소화장애를 유도할 수도 있다. 또한 매우 드문 경우지만 밀에 포함된 단백질 때문에 알레르기를 유발할 수도 있다.

칼국수는 편하게 먹는 전통음식

현대인들은 매일매일 뭘 먹을까 하는 생각으로 점심때쯤 되면 항상 고민에 빠지곤 한다. 더구나 집에서 먹는 음식의 맛과는 차이가 나서 일반음식점의 맛에 쉽게 식상해 지기도 한다.

내가 친구들과 어느 칼국수 집을 찾았을 때는 아직 시간이 일러서 인지 식당 분위기는 매우 한산해 보였다. 우리는 구석진 자리로 가서 주문을 하고 음식 나올 때만을 기다리며 이야기꽃을 피우고 있었다. 곧, 칼국수 먹는데 빠져서는 안 될 김치가 나왔다.

김치가 담겨진 옹기를 보는 순간 일제히 '우와~' 하고 소리쳤다. 옹기에 담긴 김치를 편평한 그릇으로 옮겨와 먹기 좋게 잘랐고, 그 다음 김치의 맛을 보는 찰라 칼국수의 맛도 왠지 좋을 것이라는 예감이 들었다.

푸짐한 그릇에 먹기 좋게 칼국수가 담겨져 나왔고 우리는 그 양에 또 한번 놀라지 않을 수 없었다. 뽀얀 국물, 먹기 좋게 굵은 면발, 위에 얹어진 바지락, 노란 고명 등 보는 것만으로도 우리는 이미 배불러 있었다.

곧 칼국수 맛을 보았다. 그 맛은 이미 예상했던 바 어머니가 끓여주신 그대로의 맛이었다. 특히 국물의 시원함은 이루 말할 수 없었고, 그 면발은 어찌나 쫀득쫀득한지, 손맛이 그대로 느껴지는 듯하였다. 먹으면서도 '되게 맛있다' 하며 계속 칭찬을 퍼부었다.

너무 맛있게 먹었기 때문에 주인 아주머니는 다음에 또 오라며 디저트로 음료수까지 주셨다. 칼국수 값도 저렴해서 무척 흡족했다.

그 동안 우린 이런 손맛을 느낄 수 없었다. 그 동안 다닌 칼국수 집은 맛을 내기 위해 갖은 조미료를 썼고, 음식 팔기에만 급급해했다. 그러나 여기에선 어머니의 손맛과 함께 주인 아주머니의 따뜻한 정도 느낄 수 있었다. 지금도 가끔씩 그 정이 그리울 때면 이곳을 찾곤 한다.

비가 오락가락하고 바람이 부는 날 점심엔 따뜻하고, 시원한 국물의 칼국수가 제격이다. 우리나라에서 국수를 먹기 시작한 것은 고려시대 초와 조선시대에 와서인데 국수는 종류도 많아지고 그 쓰임새도 다양해졌다.

지금은 가장 서민적인 음식이 국수지만 당시에는 잔칫상에나 오르는 귀한 음식이었다. 돌상에는 아이의 오복을 비는 뜻으로, 혼례상에는 여러 국숫발이 잘 어울리고 늘어나듯 부부 금슬이 칼국수처럼 늘어나라는 뜻에서, 또 회갑상에는 국숫발처럼 길게 장수하라는 뜻을 담아 먹었다.

칼국수의 영양가

칼국수는 위암 발생을 억제하는 효과가 있다. 암은 우리의 삶을 위협하는 최대의 적이다. 통계청에 따르면 우리나라 사람 4명 중 1명이 암으로 목숨을 잃고 있다고 한다. 하지만 전문가들은 식생활만 개선해도 상당부분 암을 예방할 수 있다고 말한다.

육류의 소비가 늘면서 비만이나 심장병은 물론 유방암, 대장암과 같은 선진국형 암이 증가하고 있다. 식생활이 암 발생과 밀접한 연관이 있다는 것은 과학적으로도 입증되고 있다.

최근 연구를 통해 암 예방 효과가 새롭게 드러난 식품을 발견하게 되었다. 칼국수, 김치찌개는 위암의 발생을 억제한다는 보고가 있다.

한림대성심병원 소화기내과 장웅기교수는 최근 식습관과 위암 발생의 연관성을 규명한 논문에서 '음식의 종류와 조리방법을 개선하면 위암의 발생을 상당부분 억제할 수 있다.'고 발표했다.

장교수는 97년 3월부터 지난 해 10월까지 강동성심병원, 한양대병원, 춘천성심병원 등 3개 병원에서 위암으로 확인된 환자 136명과 일반환자 136명을 비교한 결과 칼국수, 김치찌개, 깻잎김치, 생오이, 두유, 야채주스, 배, 버섯 등은 위암의 발생을 억제하는 것으로 조사됐다고 밝혔다.

칼국수를 자주 먹는 사람은 그렇지 않은 사람에 비해 위암 위험도가 0.51배에 불과했다. 야채주스(0.47배), 김치찌개(0.56배), 두유(0.49배) 등도 위험도가 낮게 조사됐다. 반대로 감자국(2.01배), 과일통조림(2.94배), 숯불구이(3.52배)를 즐기는 사람은 위암 위험도가 높았다.

칼국수 맛을 좋게 하는 애호박이 맛을 향상시키고 영양 면에서 그 특성을 나타낸다. 호박의 부위별 총 카로티노이드(carotenoid) 함량을 보면 호박의 부위에 따라 큰 차이를 나타내어 내부 섬유상 물질에 65.3mg%로 호박 총 카로티노이드 함량의 87%를 차지하고 있으며, 과육부위는 6.6mg%, 그리고 과피에는 3.3mg%로 그 함량이 가장 낮다. 한편 카로티노이드의 구성을 보면 호박의 색소는 베타카로틴(β-carotene)과 알파카로틴(α-carotene)이 주된 성분으로 전체 카로티노이드 양의 67~96%를 차지하고 있다. 매우 안전한 물질로 알려진 베타카로틴은 2개의 비타민 A 분자가 결합한 구조를 이루고 있으며, 분해되면 비타민 A가 된다.

따라서 혈액 속으로 들어가면 그 일부가 비타민 A를 필요로 할 때에 베타카로틴이 필요한 만큼의 비타민 A로 변환되어 체내에 더욱 많은 비타민 A를 공급할 수 있게 되는데, 호박에 들어있는 카로틴은 지용성이므로 기름과 함께 조리하면 체내 흡수율을 높일 수 있다. 또 베타카로틴의 장점은 간에 저장되지 않고 지방조직에 저장되어 독성이 나타나지 않는다는 점이다. 최근에 비타민 A의 전구체라고 생각되었던 카로티노이드가 암을 예방한다는 연구보고에 커다란 관심이 쏠리고 있다.

즉, 자연계에 존재하는 수많은 카로티노이드류 가운데 비타민

A의 활성도를 갖고 있는 카로티노이드류는 10%에 불과하다는 점으로 미루어 보아 카로티노이드류의 항암효과는 비타민 A의 전구체로서의 기능이라기보다는 카로티노이드류 고유의 항산화제 기능 또는 기타 다른 기능과 관련이 있다고 학자들은 밝히고 있다.

영양적 균형을 이룬 식품을 찾자

칼국수의 주원료는 밀이다. 밀은 쌀과 함께 인류에게 가장 대표적인 곡물이다. 그중 밀가루는 쌀에 비해 열량과 비타민이 더 풍부하나 전반적인 영양소는 쌀만 못하다.

밀의 단백질에는 라이신, 트립토판 등을 함유한 아미노산이 적으므로 고기를 곁들임으로써 영양을 보충해줄 필요가 있다. 서양인들이 육식을 즐기는 이유도 그 때문이다.

거칠게 빻은 밀가루는 대변을 원활하게 해주고 장을 튼튼하게 만든다. 한편 정제된 흰색 밀가루는 오히려 그 반대여서 지나치게 섭취할 경우 오히려 결장암의 원인이 된다는 주장도 있다.

실제로 밀가루를 많이 먹으면 방광, 식도, 장 등 내장벽 일부가 확장되는 증세를 일으킬 수 있으므로 주의해야 한다. 또 몸이 차거나 소화 장애가 있는 경우 또는 대변이 묽은 사람은 가급적 피하는 게 좋다.

완전한 영양적 균형을 이루는 식품은 없으므로 음식을 골고루 먹는 것이 건강을 유지하는데 중요하다.

 칼국수 만들기

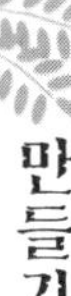

기본재료

▶ 밀가루, 멸치, 간장, 계란, 깨소금, 마늘, 설탕, 소금, 쇠고기, 식용유, 파, 호박

만들기

1. 밀가루를 고운 체에 2번 정도 내린 다음 넓은 그릇에 담고 계란과 식용유, 소금을 넣어 가볍게 버무린다. 물을 약간 보충하여 손으로 치대면서 반죽하여 젖은 행주를 덮어놓는다.

2. 쇠고기 등심으로 준비하여 5cm 길이로 가늘게 채 썰어 놓고 호박을 쇠고기와 같은 길이로 채를 썰어 소금을 약간 뿌려 놓는다.

3. 밀가루 반죽은 3덩어리로 나누고 방망이로 얇게 밀어 밀가루를 살짝 뿌리고 5cm 폭으로 말아 채를 썬다.

4. 채를 썰어 놓은 쇠고기는 갖은 양념을 넣어 버무린 다음 뜨거운 번 철에 식용유(큰술 1)를 두르고 센 불에서 재빨리 볶아낸다.

5. 호박은 간이 들면 물기를 가볍게 짜고 식용유를 두른 번철에 볶아 간장, 파, 마늘, 고춧가루 약간으로 간을 맞춘다.

6. 계란은 지단을 부쳐낸 뒤 식으면 5cm 길이로 채를 썬다.

7. 멸치는 머리를 뺀 다음 큰 냄비에 담고 물 6컵을 부어 뚜껑을 열어둔 채 끓인다.

⑧ 멸치의 맛이 우러나면 멸치는 건져내고 국수를 넣어 잘 저은 다음 뚜껑을 닫고 부드럽게 될 때까지 삶아 간장과 소금으로 간을 한다.

⑨ 그릇에 국물과 국수를 담고 위에 쇠고기와 호박나물 계란 지단채를 얹어 낸다.

멸치로 국물을 낸 칼국수 이외에 닭 국물에 국수를 말고 고기살을 발라 갖은 양념을 넣어 조물조물 무쳐 애호박과 함께 얹어내는 것도, 그 맛이 일품이다.

바지락 칼국수는 바지락을 깨끗이 씻은 다음 소금물에 담가 해감시킨 다음 냄비에 물 10컵을 붓고 바지락을 넣어 끓인다. 입이 벌어지면 체에 걸러 국물을 받쳐둔다. 국물을 끓이다가 소금, 국간장으로 간을 맞추고 끓으면 칼국수를 넣어 끓인다. 호박과 당근을 넣어 끓이다가 바지락을 넣고 끓인다.

전통냉면 예찬론

냉면은 우리나라의 고유식품으로 고기와 함께 먹는 음식으로 우리에게 널리 알려져 있다. 먼저 공정의 설명에 앞서 냉면의 종류에 대해 알아보자. 냉면의 원료에 따라 메밀냉면(평양냉면) 전분냉면(함흥냉면)으로 나뉘어진다. 넣는 재료에 따라 회냉면, 물냉면, 비빔냉면 등으로 나눌 수 있다.

냉면을 접해본지는 오래되었다. 먹을 때마다 그저 맛있다는 생각이 들었지만 냉면에 대해 내가 자세히 알게 된 것은 학창시절 꽤나 유명한 냉면집에서 아르바이트를 하면서였다. 남달리 요리에 관심이 많았던 나는 주방장의 요리 솜씨에 많은 관심을 기울였다.

쫀득쫀득한 면발과 면의 미각을 높이기 위해 비빔장, 육수들을 첨가하여 맛을 내는 냉면. 맛은 육수나 비빔 양념들로 평가되기도 하지만 제일 중요한 것은 면발의 탄력과 쫄깃한 면이다. 그래서 냉면집에서 제일 중요시하는 부분도 면의 탄력성이다.

불어서 터진 면발을 누가 먹겠는가 예전에는 손수했던 것과 달리 요즘은 기계를 통해 면이 나오기 때문에 손맛의 중요성은 조금 떨어질지도 모른다. 그러나 빠르게 간단하게 나올 수 있다는 장점에 기계를 많이 이용한다.

냉면에는 널리 알려진 평양식 물냉면과 함흥식 비빔냉면이 있다. 평양식 물냉면은 일단 육수에서 맛이 나온다. 꿩을 삶은 물로 육수를 만든다. 그리고 갖가지 야채(오이, 배)와 소고기를 삶아 얇게 자른 편육과 삶은 계란으로 맛을 한층 돋구어 주며 계란노른 자를 얇게 부쳐 만든 지단과 고춧가루로 먹기 좋게 보이게 한다. 식욕에 따라선 겨자와 간장을 넣기도 한다.

함흥식 비빔냉면은 비빔장에서 맛이 나온다. 비빔장은 당도가 뛰어난 배를 갈아만든 비빔양념의 매콤달콤한 맛과 명태, 가오리 식해의 잘 익은 맛, 거기에 메밀면의 쫄깃한 맛의 조화로 맛을 돋 군다. 고명으로 지단이 쓰인다. 우리나라 고유의 음식 중에서도 나는 냉면에 손이 한번 더가고 제일 좋아하기도 한다.

시원한 육수맛과 매운 비빔장 맛과 더불어 면발의 쫄깃함을 느 낄 수 있고, 외국에서 널리 알려진 면요리인 스파게티와 경쟁해도 성공할 수 있다는 생각이 든다. 냉면집에서 일하면서 느낀 점이 꽤 많다. 그 찌든 여름 기계의 열기와 온통 뜨거운 것들로 몸이 온통 땀으로 범벅이 되기 일수였지만 식사시간에 한끼 먹는 냉면은 그 러한 피로와 짜증을 한 순간에 날릴 수 있었고 5개월 가량 일했지 만 한번도 질리지 않고 먹었던 음식이기도 하다. 자기가 손수 만들 어서 먹는 음식, 나는 냉면의 정을 잊지 못한다.

어디서나 음식점에서 메뉴판에 냉면이 보일 때마다 마음이 설렌 다. 얼마나 맛있을까? 그때 먹던 그 맛과 느낌을 잊을 수 없어 냉 면을 자주 찾는 냉면애호가가 되었다. 냉면에 대한 추억이 많아서 인지도 모르겠다. 냉면의 다른 별미는 사리이다. 맛있어서 더 먹 게 되는 면사리. 그리고 냉면애호가들이 말하는 냉면의 맛을 느끼 기 위해서는 대부분 냉면을 먹을 때 우린 면발을 2등분 또는 4등분으로 잘라서 먹지만 그렇게 하면 면의 쫄깃함을 느낄 수 없다는 것이다.

그 말을 듣고 나도 그렇게 먹어 보았는 데 역시 틀렸다. 면의 씹히는 질감과 쫄깃함의 차이가 다르다. 기호에 따라 물냉면과 비빔냉면으로 나뉘는 냉면, 골라먹는 재미와 두 가지 각각의 독특함, 우리나라 고유 전통 음식임에 틀림없다.

평양냉면과 함흥냉면

냉면에 대한 소비자 인식은 메밀함량이 많을수록 면에 검은 반점이 많은 것으로 판단되지만 냉면 만들 때 메밀의 껍질을 완전히 탈피시키면 검은 반점은 많이 나타나지 않는다.

소비자들의 인식에 부합되는 제품제조와 탈피수율을 높이기 위하여 완전 탈피를 하지 않고 냉면을 제조하는 업체도 있을 것이다. 지금처럼 메밀의 도정기술이 발전하지 않았던 옛날에는 검은 반점이 있는 냉면이 영양적으로 우수했다. 성인병을 예방하는 영양소는 대부분 메밀의 껍질 부분에 있기 때문이다.

우리나라에선 '냉면은 검어야 한다'하는 편견으로 인하여 냉면제조업체는 원가를 줄이기 위해 메밀가루5%이상의 냉면제조법을 무시하고 대신 숯가루를 넣어 대신했다는 기사도 본적이 있다. 냉면 '검은 색에 가늘고 질긴 면'을 쉽게 떠올리지만 냉면의 종류는 다양하다.

평양냉면은 담백함과 수수한 맛. 흔히 물냉면으로 알려진 '평양냉면'과 비빔냉면으로 알려진 '함흥냉면'은 우선 면발에 들어가는 재료에 차이가 있다. 평양냉면은 메밀을, 함흥냉면은 감자나 고구마 전분을 주원료로 쓴다. 그래서 평양냉면은 잘 끊어지는 반면, 함흥냉면은 쉽게 끊어지지 않을 만큼 질기다. 우선 공정에서 장단점을 유의해야 한다고 생각한다.

전통음식에 대한 사전조사, 옛날 맛을 살리기 위해서는 물론 기계로 하지만 그 옛날 맛에 가까운 맛, 아니 같은 맛을 위해 노력해야 한다. 평양냉면도 담백하고 수수한 것이 제대로 된맛이고, 메밀과 감자녹말을 5 대 1로 섞어 면발을 뽑기 때문에 찰기가 적어 줄줄 처지는 느낌이다.

요즘엔 메밀에 밀가루나 전분을 더 섞어 찰기를 살리는 곳이 많지만 너무 쫄깃해지면 냉면발의 깊은 맛을 낼 수 없다고 미식가들은 말한다. 무엇보다 기본으로 돌아가서 '옛날 조상들의 지혜에서 새로운 냉면의 개발'의 아이디어를 가지는 것이 중요하다고 생각된다.

냉면은 다이어트식품이다

냉면은 메밀을 주원료로 하는 식품인데 칼로리가 낮기 때문에 다이어트 식품으로 이용되기도 한다.

메밀가루에는 당질이 73%, 단백질이 10% 정도 함유되어 있다. 메밀은 쌀이나 밀가루보다 아미노산이 풍부하며 특히 필수 아미노산인 트립토판이나 트레오닌, 라이신 등이 다른 곡류보다 많다. 비타민 B_1, 비타민 D, 칼슘, 인산 등이 많이 함유되어 있어 소화와 통변을 잘 시킨다. 특히 메밀 속의 루틴은 모세혈관을 튼튼하게 하므로 고혈압, 동맥경화증에 효과가 있다. 루틴은 고혈압과 동맥경화증, 궤양성 질환, 동상, 치질, 감기 치료 등에 효과가 인정되어 임상적으로 이용되는 성분이다.

냉면 육수는 충분한 수분을 공급해주고 양념 식초는 땀을 많이 흘린 후에 피로회복제로써의 효능을 가지고 있다. 냉면에 쳐서 먹는 겨자는 여름철에 식품이 상하는 것을 방지, 배탈을 예방하는 역할을 한다. 일반적으로 비빔냉면이 물냉면보다 칼로리가 조금 높다고 하여 항상 물냉면만 먹는 사람들이 있는데 그런 것은 오히려 역작용을 일으킬 수 있다.

냉면을 먹을 때 식초가 빠지면 상큼한 맛이 없어 허전한 느낌을 갖게 된다. 냉면과 식초는 미각적인 조화와 영양 그리고 위생의 세 가지 모두를 충족시키는 서로 잘 어울리는 음식이다.

심한 노동을 하거나 운동을 해서 땀을 많이 흘린 다음 새콤한 음식을 먹으면 피로가 신기하게 가신다. 식욕이 없을 때 식초를 친 음식을 먹으면 식욕이 되살아나는 것을 경험하게 된다. 독특한 신맛을 가진 식초는 중요한 조미료이면서 피로 회복제로서의 효능도 갖고 있다.

모든 음식에는 어울려서 먹을 수 있는 궁합이 맞는 음식이 있는데, 메밀과 동치미의 궁합은 한마디로 찰떡궁합 그 자체이다.

전통적인 냉면이 세계적인 식품으로 될 수 있다

　우리나라에서 냉면은 그래도 꽤나 대중화된 전통식품이다. 그러나 점점 전통음식이란 것이 변질되어 나타나는 것이 문제이다. 옛적 냉면 맛을 접한 분들은 옛날 맛을 느낄 수 없다고 들 하신다. 그것은 좀더 손쉽게 빠른 제품을 만들기 위해 옛 맛을 찾기보단 비슷한 맛의 제품판매에만 열중하기 때문이다. 냉면은 주로 고기를 먹고 난 후 먹는 음식으로 여름에 더위를 잊기 위해 만든 음식 정도로 생각하기도 한다.

　냉면의 주원료인 메밀은 병충해도 없어 농약을 전혀 뿌리지 않아도 어느 토양에서나 잘 자라는 장점을 가지고 있다. 줄기가 약하여 도복이 잘 되고 배수가 불량한 논과 밭에서는 생육이 불량할 뿐만 아니라 서리가 오면 줄기나 분지가 꺾어지고 탈립이 많아지는 단점도 가지고 있다.

　꿀벌과 같은 곤충에 의하여 수분이 잘 되므로 개화 최성기에 강우가 계속되면 종실수량이 낮아진다. 메밀의 생산성 향상을 위하여 식물학적인 약점을 극복할 수 있는 품종개발과 다수확 재배기술의 확립이 요망된다.

　냉면의 맛을 최대화하기 위해 냉면의 진수가 무엇인가를 먼저 파악하고 식품의 패턴을 읽고 적응하는 노력이 필요하다. 냉면의 대표라고 할 수 있는 함흥냉면과 평양냉면은 우리나라에선 그래도 많이 알려진 편이지만 사실 외국에선 알기 힘든 음식이다.

한국의 대표음식인 김치나 불고기와 같이 세계화를 위해 널리 알릴 수 있는 광고도 필요하겠지만 그에 앞서 외국인의 입맛에 맞는 변형된 냉면이 필요하다. 밀에 익숙한 그들에게 메밀로 만든 우리나라 국수인 냉면이 이대로 과연 성공할 수 있을까? 하는 의문이 남는다.

생각해 볼 수 있는 퓨전냉면은 두 가지이다. 첫째로 면은 냉면의 면을 그대로 사용하되 비빔장을 바꾸는 것이다. 스파게티로 익숙해진 그들에게 스파게티 맛을 첨가한 냉면을 선보이는 것이다. 메밀을 사용한 면발은 밀로 만든 면보다 점탄성에서는 떨어질지 몰라도 메밀면만의 고유한 특징을 맛 볼 수 있다는 장점이 있다.

두 번째로는 매운 비빔장을 그대로 쓰되 메밀면을 스파게티면으로 바꾸는 것이다. 매운 맛은 그들에게 익숙하지 않겠지만 먹으면서 자꾸 손이 가게되는 장점을 가지고 있다. 물론 이 것은 내 생각에 지나지 않는다. 그러나 퓨전음식이라고 해서 기본을 무시해서는 안된다.

냉면의 최대단점은 오래되면 면이 불어 먹지 못하게 되는 점이나. 모든 민들이 오래되면 먹지 못하는 점이 있지만 좀 더 보존이 오래되면서 맛의 변화가 없는 면을 개발하면 냉면의 대중화에 큰 영향을 끼칠 것 같다.

메밀(buckwheat)에는 어떤 성분이 있을까?

메밀가루에서 얻게 되는 열량은 쌀과 비슷하다. 메밀은 밀가루에 비해 단백질, 지방이 풍부하며 섬유질이 조금 많다. 소화율은 밀보다 조금 못하다.

메밀에는 단백질이 12% 가량 함유되어 있다. 단백질을 구성하는 아미노산은 라이신, 트립토판, 트레오닌 등으로 곡류에 부족되는 필수아미노산을 많이 함유하고 있어 영양가는 쌀이나 밀가루보다 높다.

양질의 단백질이란 그것을 구성하는 아미노산에 따라 결정되는데, 메밀에는 음식물로만 섭취해야 하는 생명유지에는 반드시 필요한 필수아미노산이 균형 있게 들어 있다. 메밀의 단백질에는 프로라민(끈기 있는 단백질)이 밀처럼 많지 않기 때문에 면으로 하려면 밀가루나 콩가루, 달걀 흰자위 등을 섞어야 잘 만들어진다.

다른 영양소는 전분을 비롯한 섬유질이 70%, 불포화 지방산이 3%이며 무기질로는 인산이 많고 칼슘이 적다. 염분의 피해를 덜어주는 칼륨이 470밀리그램, 철분도 함유되어 있다.

메밀에는 전분분해효소, 지방분해효소, 산화효소 등이 있는데 그 작용이 왕성하기 때문에 메밀가루는 오래되면 메밀가루 고유의 특성이 없어지거나 변질되기 쉽다.

비타민은 메밀 잎에 많이 분포되어 있다. 비타민 B_1이 백미보다

32배나 더 들어있고 B$_2$도 풍부하다. 비타민 B$_1$은 쌀의 약 3배이며 비타민 D는 곡분 전반에 분포되어 있다. 루틴(비타민 P)은 잎이나 꽃에 많이 분포되어 있다. 루틴은 비타민 P 성분이며, 모세혈관을 강화하여 고혈압 및 저혈압을 치료하는 물질로 알려져 있다. 최근 항암효과에 대한 연구도 많이 진행되고 있다.

메밀의 밝혀진 효능과 민간요법

메밀에는 실험에 의해 밝혀진 효능이 많다. 모세혈관을 튼튼하게 하여 혈액순환을 좋게 하는 루틴(rutin-6mg%함유)이라는 성분이 많기 때문에 고혈압, 동맥경화, 녹내장, 암 등의 예방치료에 특효가 있다.

메밀은 소화가 잘 되기 때문에 신경을 쓰는 직업인에게는 위의 부담이 적다. 그 이유는 메밀의 배아(씨눈)에는 전분 분해 효소, 지방 분해 효소, 단백질 분해 효소가 많기 때문이다. 생메밀도 소화가 잘 되기 때문에, 입산 수도하는 사람들의 주식으로 사용된다.

메밀에는 '코린'이란 물질이 많기 때문에 지방간을 녹이는 작용을 한다. 음주 때문에 약해진 간장을 회복하는데는 양질의 단백질을 섭취하는 것이 좋은데, 단백질이 쌀에는 100g당 6.8~6.9g이 들어 있고, 메밀에는 그 곱인 12.1g이 들어 있어, 여기에 위에서 말한 루틴, 코린이 가세하기 때문에 메밀은 음주가에게 좋다.

그 밖의 메밀의 효능으로는 비만방지 다이어트에 효과가 있으며 마약·흡연욕구 감소, 중풍·당뇨에 특효, 변비해소, 혈관 강화, 궤양성질환, 폐출혈, 치질, 동상, 감기에 효과가 있는 것으로 과학적으로 입증되었다.

메밀은 조상 대대로 전해져오는 민간요법으로 널리 사용되기도 하였는데 특히 중풍예방과 정신을 맑게 하는데 효과가 있다고 한다. 옛날부터 메밀껍질을 넣은 베개를 베고 자면 중풍예방이 된다고 전해 오고 있으며, 또 변통조절을 잘 하여 변비를 없애 주고, 고혈압 환자가 먹으면 혈압이 내린다고 하여 메밀국수가 고혈압 환자에게 가장 좋은 음식으로 인정되어 왔다. 이질, 단독, 연주창, 화상, 만성설사 등에도 사용됐다.

중국의서인 <본초>에는 메밀이 장과 위를 튼튼하게 하고 기력을 북돋아 준다고 되어있다. 오장의 부패물을 배설시키고 정신을 맑게 해준다는 것이다. 그러나 부작용도 있어 오래 먹거나 돼지고기나 양고기와 함께 먹으면 풍을 일으킨다. 또한 메밀잎을 나물로 먹으면 귀나 눈을 이롭게 한다고 수록되어 있다. 메밀가루에 끓는 물을 천천히 부어 잘 갠 다음 꿀을 넣어 마시면 고혈압 환자에게도 좋은 음료로 권장되고 있다.

<동의보감>에 메밀은 오장을 튼튼히 하는 오곡지장이라고 쓰여 있다(오장은 폐, 심방, 비장, 간장, 신장, 오곡은 쌀, 보리, 콩, 조, 기장). 중국의 최고 한의서인 <본초강목>에는 메밀은 위를 실하게 하고 기운을 돋우며 정신을 맑게 하고 오장의 찌꺼기를 제거하여 살과 피를 맑게 한다고 쓰여 있다. 메밀은 정엽(靑葉), 백화(白花), 홍경(紅俓=붉은줄기), 흑실(黑實=검은열매), 황근(黃根=누런 뿌리)의 5색을 갖춘 오방지영물(五方之靈物)이다.

☯ 냉면 만들기

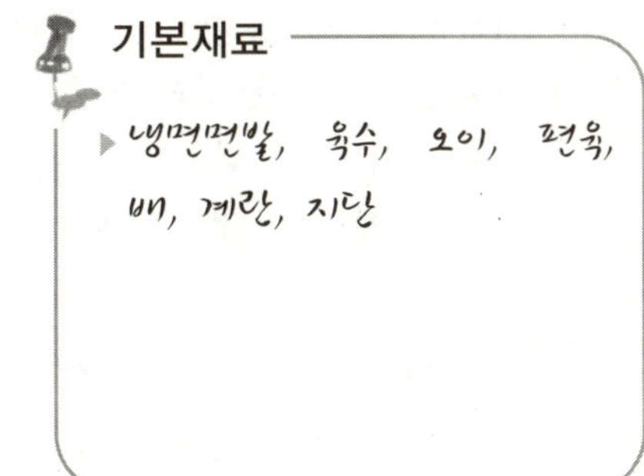

기본재료

▶ 냉면면발, 육수, 오이, 편육, 배, 계란, 지단

메밀가루의 함량이 5~30% 미만일 경우에는 냉면, 30% 이상일 때는 메밀냉면으로 구분한다. 100% 메밀만을 사용한 메밀냉면은 점도가 떨어져 제조가 어렵다. 냉면 완제품의 수분함량이 40%이상인 것을 물냉면이라 하는데 음식점에서 냉장하여 판매하며, 13%미만인 것은 건냉면이라 하고 건 냉면은 주로 포장 후 일반식품과 같이 슈퍼 등 유통단계를 거쳐 판매되고 있다.

냉장 보관되거나 음식점에서 직접 면발을 만드는 냉면제조과정을 보면 다음과 같다.

만들기

1 메밀가루와 감자전분을 미량의 물과 함께 반죽기에 넣고 점탄성을 가질 때까지 반죽하여 동그란 메밀반죽 덩어리가 나오도록 한다.

2 면발가닥의 형태를 한 압출사출기에 반죽 덩어리를 넣어 면발가닥을 완성한다.

③ 나온 면발가닥을 100℃이상으로 끓인 물에 익히면서 면발이 붙지 않도록 저어준다.

④ 익힌 면발을 미지근한 물에 식혀준다.

⑤ 쫀득한 맛을 위해 아주 차가운 물에 면발을 헹군다.

⑥ 면과 함께 넣을 재료들을 섞는다(물냉면-육수, 오이, 편육, 배, 계란, 지단 ; 비빔냉면-비빔장, 오이, 배, 계란, 지단).

이렇게 만든 물냉면은 음식점에서 바로 먹을 수 있도록 만들어진다. 시간이 조금만 지나면 불어서 먹을 수 없게 된다. 또한 면발을 완성하기 전에 같이 들어갈 재료들을 미리 준비하여야 한다.

건조하여 수분함량이 낮은 건냉면의 제조과정을 보면 메밀을 탈피, 분쇄, 혼합하여 면대를 형성시켜 건조하여 건냉면 제품을 만든다.

만들기

① 메밀을 물(수분함량에 따라 다름)로 반죽한다.

② 반죽된 상태에서 진공공정을 거쳐 반죽에 남은 공기를 제거한다.

③ 공기를 뺀 반죽을 면 형태의 가닥으로 만든다.

④ 성형된 면 가닥을 100℃이상으로 끓는 물에 익힌다.

⑤ 뜨거운 물에서 나온 면을 두 번 찬물에 식힌다.

⑥ 식힌 면을 -10℃이하의 저온 냉동실에서 12시간 냉동시킨다.

⑦ 저온 냉동된 면을 -30℃ 이하에서 24시간 냉동시킨다.

⑧ 냉동된 면을 샤워하여 면을 녹인다.

⑨ 맑은 바람과 햇살에 실외 건조하고, 흐린 날에는 최첨단 설비의 실내건조실에서 건조시킨다.

⑩ 각 단위 용량별로 포장한다.

제4장 죽류

왕따 호박죽에 담긴 추억

초등학교를 다녔던 곳은 하루에 차가 세 번 밖에 들어가지 않는 곳이라 시대적 배경 역시 한참이나 뒤떨어져 있는 그런 곳이다. 한 마디로 시골동네이다. 다른 도시인보다는 전통이라는 말과 조금은 더 가까운 곳이기도 하다.

얘기할 호박죽 역시 그래서 나에겐 좀 더 친숙한 음식이라 할 수 있겠다. 내가 호박죽을 처음 접한 게 정확히 언제인지, 어디서, 어떻게 접해본 지는 솔직히 알지 못한다. 내가 기억 할 수 없을 만큼 어렸을 때 이미 내가 호박죽을 접했기 때문일 것이다.

나의 가장 오래된 기억 속에 있는 호박죽을 얘기하려고 한다. 우리 집엔 겨울이면 항상 안방에 있는 선반, 방 한쪽 마주보는 벽의 위쪽에 그 당시 내 허벅지 만한 두께로 된 나무로 만든 그 선반 위에는 무척 크고 노랗게 늙은 호박이 넘쳐났다. 온돌방이고 아궁이로 밥을 하기 때문에 겨울엔 항상 가족 누구나 산에 나무를 하러 다니던 시절이었다.

내가 할아버지와 산에 나무를 베러 갔다가 해가 질 무렵에야 등에 나무 한 짐을 메고 왔는데 부엌에서 구수한 냄새가 배를 심하게 자극했다. 꽁꽁 얼어붙은 몸과 손으로 따듯한 방 아랫목에서, 김이 모락모락 올라오는 호박죽을 입천장이 아픈 것도 모르고 먹었던 기억이 난다.

그때 할머니가 요리한 그 호박죽은 나에게 있어서 뭔가 색다른 음식이었다.

호박죽에다가 멥쌀도 같이 넣어서 끓였는데 푹 익은 밥알의 부드러운 느낌, 찹쌀로 만든 새알의 쫄깃거리는 맛, 달콤한 그 호박죽의 맛은 잊을 수가 없다.

다음날에는 먹다 남은 시원해진 호박죽이 내 차지가 되었었는데 호박죽 표면에 생긴 얇은 막을 걷어내고 먹는 맛도 잊을 수가 없다.

내가 맛있다고 했더니 할머니는 가끔 점심밥상에 올려놓으셨다. 덕분에 난 그 이후로도 종종 호박죽을 먹을 수 있었다. 저녁만 되면 할머니의 씨 빼내는 모습을 자주 볼 수 있었고 나는 그 옆에 앉아서 호박씨 까먹는 재미도 느낄 수 있었다.

지금 생각해 보면 우리나라의 전통 식품은 우리의 경제적, 문화적, 지리적 조건과 많이 연관되어 있는 것 같다. 호박죽 역시 우리나라의 경제적 여건이 많이 작용한 것 같다. 경제가 발전한 지금은 그런 전통 식품이 많이 소외되는 경향이 있는 것 같다. 호박죽 역시 예외는 아니라고 생각한다.

정말 오래간만에 그때의 그 호박죽을 먹었는데 왠지 그때의 그 맛이 나질 않았다. 물론 솜씨가 변했을 수도 있지만 그것보다는 나의 입맛이 살아가면서 변했다고 해야 옳을 것이다.

따라서 이 호박죽을 현대인의 맛에 맞도록 개선하거나 요즘 유행하고 있는 건강식, 기능식, 퓨전음식으로 변화시키고, 사람들이 알지 못하는 호박죽의 영양적, 생리학적인 우수성을 인식시킴으로서 '왕따 호박죽'에서 '잘 나가는 호박죽'으로 변화시켜야 할 것이다.

호박죽은 맛있는 보약이다

호박죽의 영양에 관해서는 주홍색 늙은 호박의 영양적 우수성을 들 수 있다. 전통 호박죽의 영양적 가치는 우리나라에서 재배되는 토종 호박으로 만든 호박죽을 말하는 것이다.

구수하고 단맛을 주는 호박은 비타민 A의 전구체인 카로틴이 풍부한 것이 특징이다. 카로틴이 다량 함유된 호박은 부종을 치료해 주고 이뇨효과가 있어 예로부터 임산부와 신장계 환자들에게 많이 이용되었다.

최근에는 당뇨병 환자와 비만증 환자의 치료식으로 이용되고 있다. 이는 호박의 당분이 소화흡수가 잘 되기 때문이며, 위장이 약하고 마른 사람에게는 간식으로서만이 아니라 건강식으로 먹어도 좋고, 회복기의 환자에게도 아주 좋은 식품으로 널리 알려지고 있다.

겨울철에 감기 기침과 같은 호흡기 질환에 시달리는 사람이 호박을 많이 먹으면 호흡기기 튼튼해져 호흡기 질환에 저항력이 생긴다. 호박죽은 불면증을 치료하고 산후부종, 당뇨병, 임신중 요통, 복통, 하열이 있을 때. 이뇨제로서 널리 애용되어 왔다.

동짓날에 호박을 먹으면 중풍에 걸리지 않는다는 말이 있는데 호박 속에 비타민 A, C, B_2가 풍부해서 당뇨와 비만을 예방할 수 있는 기능이 있고 중풍도 예방해 주는 보약이라고 할 수 있다. 비타민이 많아서 피부 미용은 물론 야맹증에도 좋은 식품이다.

호박은 영양소를 골고루 가지고 있기 때문에 다이어트를 하기에 참 좋은 음식이다. 그 중에서도 호박죽은 당분이 많아 쉽게 허기를 느끼지 않아서 다이어트 식품으로 손색이 없다.

호박죽은 영양소를 골고루 가지고 있지만 대부분의 과일이나 채소 같이 지방이 없어 열량이 적다는 것이다. 이러한 것이 허기진 옛날에는 영양적인 결점이었지만 지금은 비만과 성인병 예방에 오히려 장점이 된다.

호박죽을 이용한 다이어트는 저열량 다이어트 방법이기 때문에 부작용이 나타날 수 있으므로 3끼를 모두 호박으로 먹는다면 영양적인 결점이 나타날 수 있다. 호박죽은 소화 흡수가 잘 되기 때문에 이것을 너무 자주 먹는다면 장내의 소화력이 감소되어 정상적인 식사를 다시 시작할 경우, 소화 운동 장애를 유발할 수 있다.

호박죽을 다이어트용이 아닌 건강식으로 이용할 경우 칼로리가 높은 잣, 밤, 호박씨, 은행 같은 견과류를 첨가함으로 그 결점을 충분히 보완할 수 있을 것이다.

☯ 다이어트 호박죽 만들기

기본재료

▶ 늙은 호박, 팥, 콩, 소금, 설탕, 찹쌀가루 등인데 이러한 부재료는 식성에 따라 변화시킬 수 있음.

호박죽은 요즈음 다이어트식 또는 건강식, 기호식품으로 충분한 가능성이 있고 다른 다이어트식에 비하여 손색이 없다. 주재료인 늙은 호박은 조직감이나 미감이 좋지 않지만 카로틴이 풍부하고, 소화흡수가 잘 되기 때문에 특히 어린이, 노인들에게 좋은 음식이다. 섬유질이 많아 변비 예방에도 효과적인 식품이다.

만들기

① 늙은 호박은 씨를 빼고 껍질을 벗겨 씻은 다음 2cm 두께로 잘 게 썬다.

② 잘 게 썬 호박에 물을 약간 붓고 푹 무르도록 삶는다. 호박이 무르면 주걱으로 으깨어 덩어리가 없도록 한다.

③ 팥과 콩은 씻어서 4배정도 물을 붓고 삶는다.

④ 삶은 팥과 콩을 으깬 호박에 넣고 혼합한다.

⑤ 끓이면서 찹쌀가루를 뿌리듯이 넣으며 잘 젓는다. 찹쌀가루가 되직한 풀이 될 때까지 넣어 저으면서 익힌다. 호박에 따라 수분의 분량이 다르므로 찹쌀가루의 양은 일정하지 않다.

때로는 찹쌀 대신 밀가루 또는 다른 곡류를 넣어도 된다.

6 나머지 찹쌀가루는 익반죽한 뒤 은행 알 크기 정도로 빚어 끓는 물에 넣어 다 익었으면 건져서 찬물에 헹궈 물기를 빼고 범벅 속에 넣는다.

7 범벅을 소금으로 간을 하고, 기호에 따라 당도를 높이기 위해 설탕을 넣기도 한다.

팥죽의 담백한 맛이 죽 애호가로

팥죽은 지방에 따라 넣는 재료와 요리하는 방법에 차이가 있다. 전라도는 찹쌀을 넣지 않고 새알심만 넣어 요리하고, 경상도식은 찹쌀을 넣고 새알심은 넣지 않는다.

몹시 춥던 어느 겨울날, 하늘에서는 오랜만에 솜사탕 같은 함박눈이 내리고 있었다. 눈이 온 길이 위험해서인지 아니면 모두 눈 구경하느라 정신이 없었는지 도로는 한산하기만 했다. 하지만 우리 동네 골목은 오랜만에 오는 함박눈을 구경하는 사람들과 눈싸움에 여념이 없는 아이들로 그 어느 때보다 활기찼다.

정신 없이 친구들과 눈싸움을 하다가 허기진 배를 채우기 위해 집으로 달려갔다. 어머니께서는 부엌에서 무언가를 끓이고 계셨다. 어머니께로 달려가 뭐하고 계시냐고 물어보았더니, 팥죽을 쑨다고 하셨다.

나는 어머니께서 팥죽 쑤시는 모습을 유심히 지켜보았다. 어머니께서는 가끔 주걱으로 팥죽을 저어주셨다. 그리고 불도 조절해가면서 팥죽을 쑤셨다. 처음부터 만드는 과정을 보지는 못했지만 매우 손이 많이 가는 음식인 것 같았고 시간 또한 많이 허비되는 음식이었다. 얼마 후 어머니께서 다 끓인 팥죽을 사기그릇에 예쁘게 담아 나에게 주셨다. 너무 배고픈 나머지 금방 끓인 팥죽을 식히지 않은 채로 한 숟갈 먹었다가 입천장이 데이고 말았다. 하지만 나는 아랑곳하지 않고 팥죽 한 그릇을 눈 깜빡 할 사이에 뚝딱 해치웠다.

사실, 원래 나는 죽 종류를 그다지 좋아하지 않았다. 하지만 유독 팥죽은 내 입맛에 맞았다. 달짝지근한 맛뿐만 아니라, 그 안에 들어있는 새알심을 골라먹는 재미 또한 크기 때문이었다.

팥죽을 처음 맛보았을 때 가장 기억에 남는 건 매우 달짝지근한 맛이었다. 설탕, 엿과 같은 단맛이 아니라, 팥이 가지고 있는 당질 때문인 것 같다.

옛날에는 팥죽을 동짓날에 꼭 먹었다고 한다. 우리조상들은 팥죽을 먹으면 잡귀를 물리친다고 생각했기 때문이다. 팥죽은 따뜻할 때 먹는 것이 식었을 때 먹는 것보다 달짝지근한 맛을 더 음미할 수 있다. 또 기호에 따라 팥죽에 새알심을 넣어먹기도 한다. 새알심은 찹쌀로 만든 떡으로, 팥죽을 먹는 재미도 있지만 새알심을 골라 먹는 재미 또한 일품이다. 팥죽을 좋아하지 않는 사람일지라도 이 새알심 때문에 팥죽을 찾는 경우도 있다.

팥죽을 보면 미각적으로 구미를 당길만한 빛깔을 가지고 있지는 않지만, 일단 한번 숟가락을 들어 팥죽을 떠먹으면 그 맛에 매료되어 팥죽 애호가가 될 것이다.

처음 팥죽을 먹었을 때에는 팥죽에 소금을 넣어 먹는다는 사실을 미처 몰랐다. 난 의심스러웠다. 팥죽에 소금을 넣으면 맛있을까? 그러나 팥죽에 소금을 넣어 먹어본 후 내가 가졌던 선입관을 버리게 되었다. 팥죽에 소금을 넣어 먹어야 팥죽의 진정한 맛을 맛볼 수 있다.

전에는 '팥죽을 먹기 전에는 죽 종류는 모두 맛이 없을 것이다.'라고만 생각했다. 하지만 팥죽을 먹은 후에 다른 여러 가지 종류의 죽에 대해서도 긍정적으로 생각하게 되었다. 죽에는 호박죽, 잣죽, 깨죽, 전복죽 등 많은 종류가 있는 데 이것들은 모두 사람들의 입맛을 돋구는 데 그만이다.

호박죽은 호박만이 가지고 있는 특유의 향과 그 맛이 입맛이 없는 사람들까지도 절로 숟가락을 들게 만든다. 잣죽은 잣만이 가지고 있는 고소함과 작은 알갱이들이 입안에서 씹히는 것을 맛 볼 수 있다. 그리고 전복죽은 죽 중에서 고급스러운 죽이라고 할 수 있다. 전복죽은 몸에 힘이 없고 모든 일에 의욕이 부족할 때 먹게되면 에너지 공급원으로 매우 효과가 좋다.

이처럼 막연하게 생각했던 '맛없는 죽'은 팥죽을 먹고 난 후에 '죽 종류는 영양가 있고 맛있는 음식'으로 생각이 바뀌게 되는 계기가 되었다.

팥의 영양가 알면 팥죽이 보인다

팥의 주성분은 당질과 단백질로서 비타민 B_1과 섬유소를 많이 가지고 있는 것이 특징이다. 비타민 B_1은 당질의 소화에 필요한 것으로 이것이 부족하면 당질이 근육에 축적되어 피로감을 느끼게 된다. 그래서 팥죽을 먹으면 피로회복에 효과가 있다고 한다.

팥의 자주색 외부에 많이 있는 사포닌의 효과는 인삼 사포닌 효과가 알려진 것 같이 당뇨병, 동맥경화 등 성인병 예방과 억제에 효과가 있다. 타닌효과에 의한 설사 멈춤과 항균효과가 증명되어 그 효능을 인정받고 있다.

팥으로 만든 팥죽은 출산 후 산모가 모유량이 적을 때 먹으면 유량이 많아지는데 도움을 준다. 팥죽은 각기병, 신장염을 치료하는 데 매우 좋은 효과가 있다. 또한 팥죽은 이뇨작용이 뛰어나 팥죽을 먹으면 체내의 불필요한 수분을 배출시켜 체내에 과잉 수분이 쌓여 지방이 쉽게 축적되어 살이 찌는 사람에게 효과적이다. 그러므로 팥의 이뇨작용은 부기, 만성신장염 등의 치료에도 효과적이다.

팥은 우유보다 단백질이 6배, 철분 117배, 나이아신이 23배가 많아서 팥죽을 먹으면 건강에도 효과가 있다. 팥죽은 소화불량에 좋으며, 식욕증진과 강심에 효과가 있다고 알려져 있다.

영양적인 결점으로는 팥죽은 보존성이 떨어져서 오래 가지 않는다는 단점이 있고 몸이 차거나 소화기능이 약한 경우에는 팥죽을 피하는 것이 좋다. 팥죽에는 다양한 영양소가 많이 함유되어 있기 때문에 비만의 원인이 될 수 있으므로 적당히 먹는 것이 중요하다.

동짓날 팥죽에서 일등메뉴로 발전시킬 수 있는 전통 팥죽

요즘 들어 현대인들은 우리나라 전통식품에 대한 관심이 예전보다는 부족한 것 같다. 서구 문화에 흡수되어 식생활 또한 서구화되어 가고 있다. 예를 들면 몇 년 전만 해도 아침에 밥 대신에 빵에 잼을 발라먹거나 콘플레이크(corn flake)와 우유로 아침을 해결하는 사람은 보기 드물었다.

디지털 시대에 살아가고 있는 현대인들은 아침에 밥을 먹고 갈 만큼 많은 시간을 아침 식사하는데 보내기를 싫어한다. 간편하게 빵이나 콘플레이크, 라면이나 토스트 등 짧은 시간에 먹을 수 있는 음식을 선호하게 되었다.

김치전, 파전, 떡과 같은 전통식품 보다 피자, 햄버거, 스파게티와 같은 외국음식에 익숙해져 있는 현대인들에게 전통식품을 대중화하기 위해서는 많은 노력이 필요하다.

팥죽은 동짓날에 먹으면 잡귀를 쫓는다고 해서 옛날에는 많이 먹었다. 근래에도 동짓날에 팥죽을 먹는 모습을 심심찮게 볼 수 있다. 팥죽은 꼭 동짓날에만 먹는 음식으로 생각하지 않고 평소, 언제 어디서나 쉽게 먹을 수 있는 죽이라는 생각을 심어 줘야 한다. 그럼 어떻게 하면 팥죽이 누구나 좋아하는 일등 메뉴로 발전할 수 있을까? 광고를 생각해 보기로 하자.

모델은 송혜교, 원빈, 차태현, 전지현 등 요즘 한창 인기 있는 연예인을 선정하고 컨셉은 언제, 어디서든 손쉽게 먹을 수 있는 '팥죽'이라는 문구를 하여 친근하게 다가갈 수 있는 계기를 만든다. 또 거리에서는 나레이터 모델들이 팥죽을 들고 거리에 지나가는 사람들에게 관심을 끄는 거리 시음회를 연다. 지나가는 사람들은 우선 음악에 맞춰 춤을 추는 나레이터 모델들에게 시선을 집중할 것이다. 그 다음에는 나레이터 모델이 소개하는 팥죽에 관심을 보일 것이다.

막연하게 팥죽을 동짓날에만 먹는 음식으로 생각하기보다는 평소에도 먹을 수 있는 음식으로 생각이 바뀌게 될 것이다. 그밖에 버스에 대형 광고판을 단 다든지, 아니면 인터넷에 올려서 사람들 눈에 자주 익히게 되면 팥죽이 좀더 가깝고 친근하게 다가올 것이다.

팥죽을 대중화하기 위해서는 빠른 시간 내에 간편하게 먹을 수 있는 상품으로 만드는 것이다. 현대인들은 짧은 시간 내에 간편하면서도 맛있고 영양가 있는 식품을 선호한다. 이러한 현대인의 입장을 생각하여 짧은 시간 내에 간편하면서도 맛있고 영양가도 풍부한 팥죽을 만든다. 그 예를 들어보자.

첫째, 팥죽을 분말로 하여 팩으로 만든다. 일회용 커피같이 팩으로 만들면 언제, 어디서나 뜨거운 물만 있으면 손쉽게 먹을 수 있는 식품이 될 것이다. 커피의 경우 일회용 커피가 나옴에 따라 사람들이 커피를 좀 더 가깝게 대할 수 있는 계기가 되었다.

둘째, 팥죽을 레토트식품화(간편하게 먹을 수 있도록 포장한 식품)하는 것이다. 3분 요리처럼 물도 필요 없이 전자 렌지에 2~3분만 데우면 누구나 손쉽게 먹을 수 있는 음식으로 말이다.

셋째, 요즘 한창 유행하고 있는 생 과일 전문점처럼 팥죽전문점을 만든다. 카페 같은 분위기에 주된 메뉴를 팥죽으로 정하면 사람들을 만나면서도 팥죽을 먹을 수 있는 기회가 될 것이다.

지금까지 팥죽을 대중화하기 위한 방안을 제시해 보았다. 하지만 이런 방안만 있어야 되는 것이 아니라, 앞으로 우리가 어떻게 추진해야 하는가에 대한 계획 또한 매우 중요하다. 우선 기술이 있어야 한다. 디지털 시대에 살고 있는 우리들은 기술이 없으면 살아남기 어렵다. 그래서 팥죽을 빠른 시간 내에 간편하면서도 맛있고 영양가 있는 식품으로 만들 수 있는 기술을 개발해야 한다. 하루빨리 언제, 어디서, 누구나 즐길 수 있는 음식으로 만들어야 할 것이다.

기술 못지 않게 중요한 것이 사람들의 인식이다. 팥죽은 동짓날에만 먹는 음식이 아니라, 평소 어느 때에도 먹을 수 있는 식품이라는 것을 사람들에게 인식시켜야 한다. 그러면 팥죽은 우리 주변에서 손쉽게 찾아 볼 수 있는 식품이 될 것이다.

마지막으로 팥죽을 아침식사용 아니면 간식용으로만 생각하기보다는 기능성 식품으로 발전시키는 것이다. 요즘 현대인들은 기능성 식품에 많은 관심을 보이고 있다. 여기에 발 맞추어 팥죽도 사람들의 건강을 생각하는 기능성 식품으로 만들면 많은 관심을 끌 수 있을 것이다.

☯ 팥죽 만들기

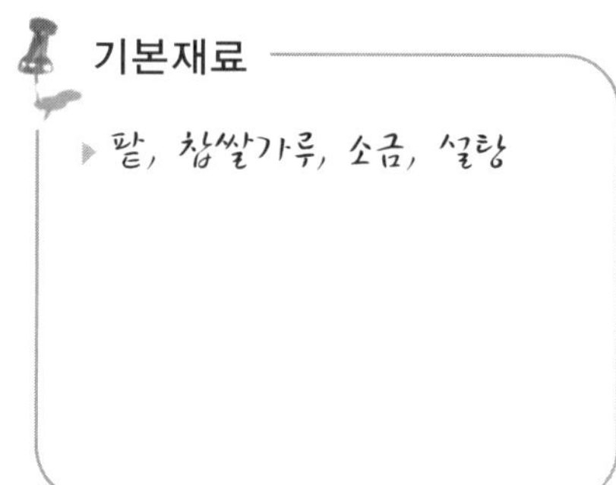

　팥죽을 요리하기에 앞서 팥 삶기, 으깨기, 새알심 빚기를 해야 한다.

　팥은 깨끗이 씻어 일어서 냄비에 담은 후, 물을 넉넉히 붓고 끓인다. 끓어오르면 첫물은 따라 버리고 다시 물 20컵을 붓고 푹 무르게 삶는다. 손으로 눌러서 쉽게 으깨질 때까지 삶으면 된다.

　팥 으깨기는 푹 무르게 삶은 팥을 식혀서 손으로 주물러 으깬 다음 굵은 체에 내려서 팥물을 받아 가만히 두어 앙금을 가라앉힌다.

　새알심 빚기는 참쌀가루에 끓는 팥 물과 소금을 약간 넣고 반죽해 지름이 1.5cm 정도 되게 빚어 끓는 물에 소금을 조금 넣고 삶아 동동 떠오르면 건져서 찬물에 헹구어 놓는다.

팥물과 새알심이 준비된 후 팥죽의 요리과정은 다음과 같다.

만들기

① 가라앉힌 팥물을 가만히 따라 윗물과 앙금으로 나누어 윗물을 먼저 냄비에 붓고 끓인다.

② 팥물이 반 정도로 조려지면 앙금을 넣고 한번 끓인다.

③ 끓은 팥물에 깨끗이 씻어서 불려 놓은 찹쌀을 넣고 찹쌀이 푹 퍼질 때까지 끓인다. 찹쌀이 푹 퍼지면 새알심을 넣고 한번 끓여 소금으로 간하여 요리를 마무리한다.

④ 팥물을 끓이거나 찹쌀을 넣어 끓일 때나, 새알을 넣어 끓일 때는 항상 가끔 주걱으로 저어서 눌러 붙지 않게 하여야 한다.

⑤ 눌러 붙지 않게 불을 잘 조절하여야 한다.

⑥ 새알을 넣은 상태에서는 주걱으로 저을 때 조심하여 천천히 저어 새알심이 뭉크러지는 일이 없도록 하여야 한다.

⑦ 팥죽을 먹을 때는 시원한 동치미 국물을 곁들이는 것이 우리네 풍습이다.

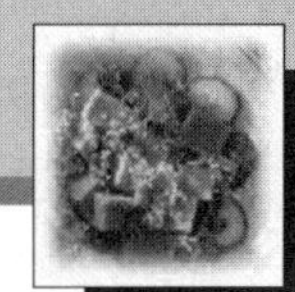

제5장 묵류

정선 올챙이묵

정선 아리랑과 더불어 올챙이묵은 강원도 정선 장에선 독특한 먹거리다. 묵 장을 끼얹어 먹는 올챙이묵은 입안에서 살살 녹는 것이 부드럽고 감칠맛이 있다.

옛날 먹거리의 종류가 많지 않고 먹을 것이 없을 때 올챙이묵은 우리네 배를 채우기에 손색이 없었다고 한다. 올챙이묵이라는 이름이 붙여진 것은 생긴 것이 올챙이 같기 때문이다.

정선 장날 큰 함지박에 노랗게 담겨 있는 올챙이묵은 또 다른 별미 중 하나 임에 틀림없다.

올챙이묵은 메밀묵이나 도토리묵과는 달리 묵을 만드는 재료에 따라 부쳐진 이름이 아니다. 올챙이 모양으로 빚은 묵이라서 올챙이묵이라고 하였다. 올챙이묵은 옥수수를 맷돌에 곱게 갈아 묵을 만든 것이므로 옥수수묵이라고 할 수 있다. 이것은 묵의 생김새가 메밀묵이나 도토리묵과 달리 올챙이 모양으로 만들 수 있어서 올챙이묵이라고 하였다.

올챙이묵은 슈퍼마켓에서 사는 옥수수로 만든 스낵제품이나 죽 제품과 비교할 때 영양적으로도 우수한 제품이다. 또한 서양에서는 곡류의 가공패턴과도 일치한다. 곡류를 가공하여 식품을 만들 때 옛날 방식으로 돌아가는 것이다. 곡류 낱알 전체를 먹게 가공하는 것이다.

밀가루빵의 경우 이전에는 하얀 밀가루로 만든 흰 빵을 먹었지만 지금은 밀알갱이 전체를 분쇄한 갈색의 통밀가루로 만든 통밀가루빵이 유행하고 있다. 올챙이묵은 물에 불린 옥수수를 맷돌로 곱게 갈아 만든 것이므로 옥수수낱알 전체로 만든 묵이다. 통밀가루로 만든 빵과 같은 영양가가 높은 옥수수묵인 것이다.

올챙이묵에는 옥수수 씨눈에 있는 비타민 B와 식물성기름, 옥수수 겉껍질에 있는 일종의 단백질인 효소가 많이 들어 있다. 옥수수스낵이나 옥수수죽 등의 옥수수로 만든 제품은 옥수수 씨눈이나 겉껍질을 벗겨내고 낱알의 안쪽부분만 가루로 만든 것이다. 이때 분리한 옥수수씨눈은 옥수수 식용유를 추출한다.

이러한 영양가와 조상들의 솜씨로 만든 올챙이묵을 아는 사람은 강원도를 다녀온 사람이 아니고서는 거의 모를 것이다. 만드는 과정은 쉽지만 기계로는 할 수 없고 전 과정을 손으로 해야 하는 번거로움 때문에 강원도에서도 사라지고 있다.

올챙이묵의 고소한 맛에 옥수수에 부족한 필수아미노산인 라이신과 메치오닌 등의 아미노산을 강화시키면 전통묵으로 손색이 없을 것이다.

올챙이묵의 영양가

올챙이묵은 옥수수에 들어있는 영양소가 골고루 들어 있는 전통 묵이다. 일반적으로 옥수수를 정제하여 만든 옥수수 스낵이나 옥수수죽 보다 영양적으로 우수하다. 슈퍼에서 살 수 있는 대부분의 옥수수제품은 옥수수씨눈과 껍질의 전부를 벗긴 옥수수낱알의 안쪽부분으로 만든 것이다.

모든 곡류가 그러하듯이 낱알의 안쪽은 몸 속에서 힘을 내는 탄수화물이 대부분이다. 몸 속에서 힘을 내는데 쓰고 남은 탄수화물은 지방으로 몸 속에 축적되어 살이 찌는 비만으로 이어진다. 비만을 예방하기 위하여 적절한 운동이 필요한 것도 이런 이유이다.

올챙이묵은 옥수수낱알의 바깥 부분(외피)과 씨눈의 영양소가 골고루 있다. 옥수수의 주성분은 탄수화물이다. 탄수화물 중에서 전분은 옥수수낱알의 안쪽부분에 있고, 포도당은 옥수수의 바깥 껍질부분과 씨눈에 조금 들어있다. 씨눈과 껍질부분에는 미네랄로 불리어지는 인 250mg, 철분 13.0mg, 칼슘 7mg과 비타민 A, B, E가 함유되어 있다. 특히 옥수수의 씨눈에 있는 비타민 E가 가장 풍부하여 체력 증강, 신장병에 효과를 나타낸다.

단백질은 옥수수 낱알의 겉껍질 부분 각질층에 많은데 필수아미노산보다는 드레오닌이라는 유황함유 아미노산이 많이 들어 있다. 대신 옥수수의 씨눈은 영양가가 높다. 옥수수 씨눈에는 양질의 지방이 25~27% 들어있고 또 신경조직에 필요한 레시틴이 1.5%, 비타민 E가 들어있다. 특히 비타민 E는 피부의 건조와 노화를 막을 뿐 아니라 습진 등에 대한 피부의 저항력을 높이는 작용을 해 옥수수기름인 콘오일엔 많이 사용한다.

옥수수낱알 전체를 삶거나 구워먹으면 소화율은 30%정도 되지만 가루를 내거나 튀겨 먹으면 80~90%가 흡수된다. 올챙이묵은 옥수수낱알 전체를 맷돌에 잘 갈아서 몸 속에서 소화흡수가 잘 되게 한다. 소화되지 않는 섬유소는 입안에서 껄끄러우므로 천으로 짜서 분리시킨 옥수수낱알 전체를 맛있게 먹도록 만든 조상의 지혜가 살아 있는 식품이다.

올챙이묵은 낱알을 갈아서 묵을 만들었으므로 소화율도 80~90%로 높다. 씨눈과 겉껍질부분의 지방, 아미노산, 비타민류가 올챙이묵에는 들어있다. 이제 슈퍼마켓의 옥수수제품보다 올챙이묵의 영양이 훨씬 우수한 이유를 알 것이다. 현대인은 성인병의 예방을 위해서 곡류 낱알 전체를 먹어야 한다. 즉 올챙이묵도 옥수수낱알 전체에 포함된 영양소가 몸 속으로 흡수가 잘되고 맛있게 만든 식품으로 현대인이 먹어야할 좋은 식품이다.

옥수수에는 우리 몸에 꼭 필요한 필수아미노산인 트립토판과 라이신이 거의 안 들어 있다. 그러므로 서양에서 옥수수시리얼을 아침마다 먹을 때 우유에 타서 먹는 이유는 우유에는 옥수수에 부족한 라이신이 충분히 들어 있기 때문이다. 우리식탁에서도 음식을 골고루 조화롭게 먹어야 하는 이유도 마찬가지다.

참고로 옥수수에 붙어 있는 수염을 물에 끓여 마시면 신장병과 당뇨병에 효능이 있다고 한다. 최근에는 옥수수 낱알전체를 먹을 때 섭취할 수 있는 섬유소가 음식물의 찌꺼기를 위장에서 빨리 내려가게 하고 해로운 물질을 배출시킴으로써 직장암을 예방할 수 있다는 연구결과도 발표되었다.

☯ 올챙이묵 만들기

기본재료

▶ 옥수수알 10컵, 옥수수 전분 10컵, 물 40~50컵, 열무김치, 양념간장

만들기

1 말린 옥수수를 물에 잘 불려 맷돌에 갈아 베 자루나 무명자루에 넣어 짜내 앙금(전분)을 받는다.

2 걸러낸 옥수수 전분을 큰 솥에 넣고 중 불에 주걱으로 20분 정도 저으면 끈끈하게 엉기면서 묵이 쑤어진다. 풋 옥수수는 전분이 적기 때문에 옥수수 녹말을 보태어 쓰기도 하지만 요즘 나오는 옥수수는 전분이 충분해 따로 녹말을 쓸 필요가 없다.

3 잘 끓어 투명해지면 대강 묵이 만들어진 것이지만 끈기가 더 해지도록 많이 저어준다.

4 묵을 구멍이 있는 바가지에 넣고 찬물이 담긴 큰 그릇 위에서 주걱으로 눌러 내리면 찰기가 없어 물방울 모양으로 떨어져 내리며 순간 익는다. 이것을 찬물에 담가뒀다가 그때그때 건져서 열무김치에 묵을 말아먹거나 양념장으로 비벼 먹는다.

5 간장에 깨소금, 다진 파와 마늘, 참기름, 고춧가루를 넣고 양념간장을 만든다.

제6장 식혜·엿류

식혜는 전통음료

식혜는 엿기름가루(식혜가루)를 우린 물을 쌀밥에 부어서 삭힌 전통음료이다. 행사 음식의 후식으로 빠짐없이 나오는 음료이다. 엿기름에는 전분을 분해하는 효소가 있어 쌀밥이 엿기름에 있는 효소 때문에 삭혀지고 은은히 달콤한 맛을 내는 원동력이 된다.

먼저 식혜의 달콤한 맛을 내는데 필요한 엿기름을 보자. 엿기름에는 밥을 오랫동안 입안에서 꼭꼭 씹을 때 단맛을 내는 효소가 있다. 엿기름은 입안의 침과 같은 역할을 한다.

엿기름은 통통한 겉보리를 까불러 씻어 하룻밤 물에 담가 불려서 소쿠리에 건져 물을 뺀 다음 젖은 보를 위에 덮어 따뜻한 곳에 두면 싹이 조금씩 나오는데 하루걸러 한 번씩 씻어, 5~6일이 지나면 보리의 싹과 뿌리가 적당히 자라게 된다. 싹과 뿌리가 나올 때 보리에는 효소가 생기는 것이다. 효소가 생긴 보리를 채반에 넓게 펴서 말리면 엿기름이 된다. 엿기름은 마켓에서 구입할 수 있지만 조금 손이 가더라도 직접 만들어 쓰는 것이 어떨까?

요즈음은 여름철 냉장고에서 시원한 캔 식혜를 꺼내어 먹지만, 많은 사람들은 집에서 어머니가 만든 정성이 담긴 은은한 단맛을 지닌 전통식혜에 대한 기억이 있을 것이다. 가족들이 모이는 명절이나 제사에는 빠지지 않는 음료였다. 술을 싫어하는 사람을 위한 음료수, 또는 배가 고플 허기를 면하는 음료수였던 것이다.

지금은 전통식혜 맛을 대하기가 쉽지 않다. 식혜를 맛 본 건 아주 옛날 일이었던 것 같다. 요즘은 캔으로 가공된 식혜가 나와 복잡한 과정을 통해 식혜를 만드는 일이 줄어들었다.

그러나 캔으로 음료가 나온 후에도 전통적인 방법을 통해 만든 식혜를 맛볼 수 있는 곳도 있다. 갈비식당에서 후식으로 커피대신 식혜를 찾는 분들이 많아 전통적으로 만든 식혜를 내놓기도 한다. 음식섬에서 후식은 무엇인가? 후식노 손님에게 좋은 갈비 맛 못지 않게 중요한 것이다. 갈비 맛은 어느 갈비집이나 비슷비슷하다. 이 때 후식이 색다르면 다시 한번 찾게 되는 게 손님의 심리이기도 하다.

커피는 너무 흔하고 또 건강에도 그리 좋지 않다. 또 단체 손님일 경우 인스턴트 커피를 하나 하나 탈 시간도 충분치 않다. 생각할 수 있는 후식으로 전통식혜나 수정과가 좋다. 청소년이나 아이들은 수정과의 특유한 계피향 때문에 그것들을 마시길 꺼려할 수 있지만 전통식혜는 아무나 좋아하는 음료가 될 수 있다.

항상 냉장고 속에 캔음료 대신 훨씬 맛과 영양이 좋은 집에서 직접 만든 식혜음료가 준비되어 있다면 좋을 것이다. 식혜는 제조과정이 쉬운 음식이면서도 손이 많이 가는 음식이다. 우리는 허기가 지거나 기운이 없을 때 음료를 마시는 걸 기피한다. 음료는 잠시 잠깐만의 포만감만 줄 뿐 다시 허기가 지게 만들기 때문이다.

그렇지만 식혜의 경우는 다르다. 식혜 물을 다 마시고 나면 밥풀이 남는다. 우리는 이것을 먹어서 허기진 배를 달랜다고 생각하기 쉬운데 허기를 면하게 하는 것은 당분인 것이다. 식혜의 당분은 설탕의 맛과 같은 자극적인 단맛이 아니다. 혀끝에서 은은한 단맛이 느껴진다. 이것은 말토오스와 올리고당이 많이 함유되어 혀끝을 자극하는 단맛이 아닌 은은한 단맛을 내며, 올리고당의 영양적인 우수성은 많이 밝혀져 있다.

전통음료 식혜의 맛과 멋

전통차를 비롯한 전통음료를 음미하는 멋과 함께 효능에 대해서 재인식이 되고 있다. 몇년전 만해도 음식점에서 후식으로 커피가 대부분이었다. 커피에 들어 있는 카페인 때문에 생기는 바람직하지 않은 면이 차차 밝혀지면서 카페인을 제거한 커피가 인기를 끌기도 하였다. 그러나 이제는 커피 못지 않게 우리나라 전통차의 인기가 제자리를 찾아가고 있는 것 같다.

전통차 하면 우리 머리 속에는 나이가 드신 분들이 음미하는 차. 신세대가 아닌 쉰 세대가 즐기는 차로 인식되어 온 것이 사실이다. 그러나 이러한 인식이 점차 바뀌고 있다.

몇 년전 캔식혜의 열풍이 일어났었다. 지금은 그러한 열풍이 다소 무관심으로 밀려난 듯 하지만 우리는 식혜음료에 대한 중요성을 간과해서는 안된다. 식혜는 가정에서 누구나 만들어 먹어 온 전통음료이다. 그러나 지금의 식품업체에서 나온 캔 식혜는 전통식혜의 맛과는 거리가 있다. 너무 달지도 않으며 단맛이 입 속에서 오래 머무는 전통식혜의 맛과는 다르다. 캔식혜는 한마디로 설탕맛이다. 즉 설탕물에 밥풀을 뜨게 한 것 같다. 이런 맛과 비교할 때, 가정에서 만든 식혜는 경쟁력이 있을 것이다.

며칠전 대학가에서 식사를 마치고, 담소를 나누기 위하여 전통찻집에 들릴 기회가 있었다. 전통차를 즐기고 있는 대부분은 젊고

활기찬 얼굴과 생각을 가진 세대였다. 물론 굿거리 장단의 소리와 사색에 잠길 수 있는 분위기가 젊은이들을 전통찻집으로 오게 한 이유도 있겠지만 전통차가 가진 참맛과 효능이 젊은이들 사이에도 인식되고 있다는 확신을 가질 수 있는 기회가 되었다.

특히 우리나라 전통차인 둥글레, 국화, 인삼, 구기자, 녹차의 효능에 대해서는 많이 알려져 있다. 둥글레차와 녹차에 들어 있는 탄닌을 비롯한 미량성분이 성인병과 노화의 예방에 효과가 있다는 것은 이미 알려진 사실이다. 그러나 아직 찾지 못한 성분에 대한 탁월한 효능을 과학적으로 밝혀 내지 못하고 옛날 문헌에 나타난 이 효능에 의존하고 있는 실정이다.

전통차에 대한 멋을 알아보기 위해 오랫동안 녹차를 마셔 온 분을 만날 기회가 있을 때 녹차의 맛에 대한 질문을 하였다. 녹차의 떫은맛과 관련된 맛을 뜻밖의 맛 '이슬이 내린 가을날, 새벽 낙엽을 밟을 때 느끼는 맛'이라고 했다. 우리 전통차의 맛에서 나오는 멋이 담긴 맛이 아니겠는가.

지역에서 자라는 특산물의 전통차가 있다면 전통차의 맛과 멋을 알리기 위한 제품화가 시급하지 않을까. 지리산 자락에서 나는 둥글레차와 국화차의 명성처럼, 지역에서 나는 특산물의 전통 차를 찾는데 관심을 가지기를 기대해 본다.

전통식혜의 영양가

식혜는 다른 음료와는 달리 쌀을 주원료로 만들기 때문에 공복 시에 먹으면 포만감을 줘서 바쁘게 사는 현대인들에게 좋은 음료가 되고 있다. 과거에도 그랬고 현재에도 여전히 사랑 받는 콜라는 탄산음료로서 기호식품이긴 하지만 식혜와는 영양적으로 비교될 수도 없는 탄산가스가 섞인 탄산음료이다.

우리의 전통 음료인 식혜는 건강식으로도 손색이 없다. 식혜의 맛은 엿기름가루에 달려 있는데, 1800년대 말엽 〈시의전서〉에 엿기름 기르는 법을 소개하면서 '뿌리 엿기름도 좋다.'고 하였다. 1913년 〈조선요리제법〉에는 '엿기름을 만들 때 보리싹은 제몸의 길이만큼만 자라면 적당하다.'고 하였다. 이렇게 엿기름 가루가 중요한 것은, 그 속에 당화효소인 아밀레이스(amylase)가 많이 있어서 당화가 일어나 생성된 맥아당(maltose)은 식혜의 독특한 맛에 기여한다.

맥아당과 올리고딩의 밝혀진 영양가는 장내 유익한 균인 비피더스균을 증식시키는 효과가 있으므로 매일 섭취하게 되면 대장의 건강을 유지하므로 변비를 억제하는 효능이 있다. 또한 단맛이 설탕의 약 40%로 순한 식혜의 단맛을 내므로 맥아당이나 올리고딩이 식혜에 없으면 은은한 식혜의 맛은 나지 않는다.

〈조선 요리학〉에서 '외관으로도 미술학적이고, 그 맑고 담백한 맛은 중국의 일등 품질의 차라도 과연 우리의 식혜만은 못할 줄로 생각한다. 식혜를 늘 먹으면 소화가 잘되며, 체중이 줄어들고 혈액을 잘 순환시키고 마음의 상쾌한 기분이 자연히 생기는 음식이다.' 라고 예찬하고 있다. 또 식혜는 많은 수분과 나트륨이 같이 흡수되는 장점이 있다.

백미는 쌀겨 층과 씨눈에 들어있는 비타민 B_1, B_2, 나이아신 등의 비타민 B군과 섬유질을 제거하였으므로 이러한 영양소는 현미에 비해 부족하다. 백미 밥 대신 현미밥으로 식혜를 만들면 식혜의 색깔은 하얗지 않지만 영양적으로는 우수할 것이다.

식혜는 밥으로 만든 음료이므로 우리에게 밥 먹는 시간을 줄이고 밥을 먹은 효과를 가진다. 식혜를 현미 한 그릇으로 만든다면 현미 한 그릇을 빨리 섭취할 수 있는 것이다. 그러나 우리가 밥상에서 대하는 된장국, 야채나물, 두부를 섭취하지 않는 단지 밥 한 그릇만 먹는 격이 된다.

전통식혜 만들기

기본재료

▶ 찹쌀(2컵), 엿기름(식혜)가루 (2컵), 설탕 또는 꿀물(4컵), 실백(약간), 생강(쪽)

만들기

1 깨끗한 식혜가루(엿기름)를 물에 담가 하루동안 두었다가 식혜가루가 가라앉으면 웃물만 가만히 따라서 고운 체에 받쳐 놓는다(엿기름을 구입할 때, 너무 오래되고 그 빛깔이 검은 것은 피하고, 밥알이 식혜 물에 활짝 떠오르게 하려면, 찬물에 담가 단물을 완전히 빼고 물기를 쭉 빼놓았다가 사용한다).

2 찹쌀이나 멥쌀을 잘 씻어서 건진 후 시루나 찜통에 쪄서 냄새가 안 나는 깨끗한 항아리에 담는다(식혜 밥으로는 찹쌀이나 멥쌀을 사용했는데, 찹쌀은 소화가 용이하지만 밥알이 오그라들어 동동 뜨지 않고 깔깔해서 입안에 달라붙는다. 일부지방에서는 정백미를 시루에 쪄서 퍼놓아 식힌 후에 냉수로 씻어 알알이 흩어지게 한 다음, 별도로 엿기름 가루를 일주야(一晝夜)동안 물에 담가 두었다가 맑은 물만 가만히 따라서 위의 밥을 담가 놓는다. 또 크고 좋은 유자를 통째로 밥 속에 묻어둔다. 그리하면 맛이 향기롭고 알알이 모두 온전하며, 색깔이 희고 깨끗하며, 또 달다고 한다).

③ 밥알이 잠길 정도로 식혜 물을 부어서 잘 봉하여 더운 방에 따뜻하게 7~8시간 덮어둔다.
　밥알이 물 위에 서너 개 뜨게 되면 밥알만 건져 찬물에 헹군 후 물에 담가 둔다.

④ 남은 식혜 물에 물을 더 붓고 설탕을 넣어 끓여서 식혀 둔다. 이때 거품이 나면 계속 걷어내서 깨끗하게 하도록 한다.

⑤ 화채 그릇(투명한 그릇)에 차게 식힌 식혜 물을 뜨고, 식혜 밥을 1 티스푼 정도 떠서 띄우고 실백도 함께 띄어 낸다. 이때, 생강즙을 조금 떨어뜨리면 맛이 한결 산뜻해진다.

엿장수와 엿

식혜의 밥풀을 얇은 삼베나 무명 천으로 짜낸 물을 가마솥에서 장작불로 온도를 맞추어 가며 서서히 끓여 농축한 것을 물엿 또는 조청이라고 한다. 조청을 더 농축하여 갈색의 점도가 대단히 높은 조청이 되었을 때 서서히 식히면 단단하게 굳는다. 갈색의 투명한 고체, 망치로 깨면 깨진 면은 유리처럼 반짝인다. 이것이 길거리에서 볼 수 있는 생엿이다.

생엿을 가열하여 물렁물렁해지면 힘으로 양쪽으로 잡아당겨 엿가락을 만드는 작업을 엿치기라고도 한다. 이것을 힘으로 잡아당겨 길게 늘인 후 두 가닥으로 접고 다시 당겼다가 또 접는 일을 반복하면 4가닥 16가닥 32가닥 식으로 늘어나면서 서로 엉겨 붙기도 하고 그 사이에 공기가 들어가기도 한다. 그러므로 엿이 비교적 쉽게 부스러지는 하얀 막대기처럼 되는 것이다. 이러한 흰색의 가락엿 속 공기 구멍의 크기에 따라 승부를 가르는 엿치기놀이도 있었다.

또한 엿은 우리 조상들의 지혜가 담긴 전통 식품으로 자리 매김을 해왔다. 방부제를 사용하지 않아 안전하고, 농촌에서 가꾼 신선한 곡물을 엄선하여 만든 무공해 식품이기도 하다.

옛날부터 엿은 효능이 뛰어나 여러 용도로 쓰였다. 엿은 우리의 생활 중에 '엿을 먹으면 시험에 붙는다'고 하여 시험을 치르러 가는 사람에게 꼭 합격하라고 선물하기도 하고 당일 아침에 엿을 입에 물고 가기도 하였다. 혼례 때에는 엿을 보내면 시집살이가 덜 심하다고도 하며, 시집식구들이 엿을 입에 물고 먹는 동안 새 며느리 흠을 잡지 못하도록 입막음을 한다는 풍습이 아직도 통속적으로 전해지고 있다.

이렇게 엿이 우리 생활과 밀접했으므로 누구나 엿에 대한 이야기 꺼리는 많이 있을 것이다. 옛날에는 한 달이면 서너 번씩 마을을 찾는 단골 엿장수를 볼 수도 있었지만 지금은 엿장수 아저씨를 찾아보기 쉽지 않다.

엿장수의 가위질 소리가 요란하게 골목을 울려대면 모아두었던 빈병이나 고철, 휴지, 헌책 등을 들고 나와 엿과 바꾸어 먹었고, 특별한 고물이나 폐품이 없을 때에는 마늘이나 감자, 고구마를 주고 엿을 사기도 했다.

엿장수가 오는 날엔 온 집안을 뒤져 그동안 모아놓은 쇠붙이며 고무신이며 엿과 바꿔 먹을 수 있는 것이면 닥치는 대로 가지고 나가 엿장수에게 가져다주면 그 엿장수는 자기 맘대로 그야말로 '엿장수 맘대로' 엿을 주기도 했다.

아버지의 흰 고무신을 가져다 팔아 엿으로 바꿔먹고 나중에 아버지에게 혼이 났던 기억도 생생하다. 엿장수가 철커덕거리는 가위를 끌처럼 생긴 것을 엿 판에 대고 탁 소리가 나도록 치면 엿이 많이 잘라졌으면 하는 마음으로 심장이 쿵쾅쿵쾅 뛰기도 하였다.

지금도 엿을 보면 잡동사니와 바꾼 엿을 입에 오물오물 거리며 허연 밀가루인지 무엇인지 모를 분말가루를 입 주위 가득 묻히면서 잠시의 달콤함과 즐거움이 가득한 시간을 보냈던 기억이 난다.

이빨에 붙은 '엿같은' 엿이 엿애호가로

아주 어렸을 때의 일이다. 아마도 내가 초등학교 다닐 때였던 것으로 생각된다. 겁이 많았던 나는 치과 가는 걸 다른 어떤 무엇보다도 싫어했다. 그런데 이게 무슨 운명의 장난인가? 갑자기 이가 흔들리기 시작하는 것이다.

어머니한테 말씀드리면 분명히 치과에 가자고 하든지, 아주 고전적인 방법인 이빨을 실로 꽁꽁 묶어 이마를 툭치면 관성의 법칙에 의해서 이빨이 빠지는 원리를 응용하여 뺄텐데. 그렇다. 이가 조금씩 흔들리기 시작하면서부터 나의 고민은 시작되고야 말았다.

밤에는 잠도 오지 않고, 깨어있을 때는 온 신경이 흔들리는 이에가 있었다. 근데 이놈의 이가 처음에는 조금 흔들리더니 갈수록 더 흔들리는 것이었다. 그렇게 날이 갈수록 내가 정말 폐인이 되어 가는 것을 느꼈다. 밥을 먹어도 모래알 씹는 느낌이요, 자꾸 거슬려서 도대체가 다른 일을 할 수가 없었다.

그러던 어느 날, 나의 운명을 뒤바꿔 놓은 것이 있었는데 그것은 바로 '엿… 엿'이었던 것이다. 내가 고민에 빠져 아무 것도 먹지 못하고 있을 때, 할머니께서 나에게 맛있는 엿을 주셨다. 나는 처음엔 그게 뭔가 하고 받아서 먹었다. 생긴 건 꼭 나무를 잘라 밀가루 발라놓은 것 같았는데 먹어보니 아주 달콤하고 맛있었다. 입에서 녹는 맛이 정말 좋았다.

그렇게 나도 모르게 하나, 두 개… 그러다 거의 다 먹어갈 때쯤이었다. 정말 하나를 먹어보면, 저절로 손이 가는 그런 느낌이랄까? 정말로 둘이 먹다 하나가 놀러가도 모를 맛이었다.

문제의 요지는 거기에 있는 것이 아니었다. 다시 원점으로 돌아와 엿을 거의 다 먹어갈 때의 일이었다. 입에서 사르르 녹던 엿이 갑자기 나에게 '철커덕'하고 붙어버린 것이다. 그것도 하필이면 나의 흔들리는 이빨에, 다행인지 불행인지, 그 엿으로 인해 나의 앓던 이가 빠져버렸다.

드디어 치과에 가야하는 불안감은 사라졌다. 이제는 마음 편히 잘 수 있겠다 생각하니 정말 온 천하가 내 것이 된 것 같았다. 아무튼 그때 이후로 나는 엿을 좋아하게 되었다. 전통엿 뿐만 아니라 우리 전통음식에 더 많은 애착을 갖게 되었다.

요즘에는 우리 전통식품인 엿이 다른 뜻으로 쓰인다. 흔히 우리가 듣는 말로 '엿먹어라' 라는 말이 있다. 이 말은 상대방을 무시하면서 면박 주는 것을 나타낸다. 이것은 '엿은 천박하다'라는 생각을 바탕에 깐 용어로서 '엿같은' 또는 '엿이나 먹어라'라는 말을 사용한 것이다.

원래 '엿같다'는 말은 우선 맛이 달고 향기롭다는 뜻이고, 그 다음에는 여러 방면에 다양하게 소용이 되는 가치 있는 물건이라는 뜻이 된다. 따라서 엿의 어원을 바르게 알고 사용하고, 우리 선조들의 지혜가 담긴 전통식품으로서의 엿에 대한 자부심을 가져야 한다.

생엿을 처음 소개한 엿장수

생엿을 처음 알게 된 것은 리어카를 끌고 다니면서 고물을 가지고 가면 약간의 생엿을 떼어주는 아저씨를 통해서였다. 목조 틀에 뚜껑을 열면 커다랗게 쌓인 엿. 대패를 쓱쓱 쓸어 나온 말랑말랑한 엿을 나무 젓가락 끝에 붙여서 주는 엿장수 아저씨가 있었다. 한번만 더 밀어주지 항상 그런 맘이었다.

옛말에 모든 건 엿장수 맘이라고 항시 같은 금액으로 사먹는 엿의 양이 달랐다. 어렸을 때이므로 물론 경제적인 면에 대해선 부모님께 손을 벌려야만 떨어지는 동전 몇 개가 전부였다. 하지만 식욕에 대한 욕심을 주체 할 수 없으므로 모든게 먹고 싶고 가지고 싶은 시기 아닌가.

리어카가 올 때마다 괴로웠다. 분명 두 손을 아무리 벌려봐야 떨어지는 돈으로 살수 있는 엿의 양이 너무도 적기 때문이었다. 처음에는 어머니 몰래 집안 살림을 가져다 바쳐 많이 맞기도 했다.

이후 종소리가 들리면 어머니는 나를 먼저 찾는 버릇이 생겼다. 더 이상 팔아먹을 살림살이도 없는데 말이다. 그래서 생각한 건 첫날엔 먹고 싶어도 참고 다음날 두 배의 돈을 지불하고 두 배의 엿을 사는 것이다. 물론 먹을 땐 좋다. 하지만 못 먹을 때가 문제였다.

이 방법도 오래 가지 못했다. 이후로 나의 꿈은 엿장수가 되는 것이었다. 내가 엿장수가 되면 병 하나 당 대패로 생엿을 세 번 쓸어주지 않고 난 네 번 쓸어줄 것이라고 다짐했다. 엿장수는 얼마나 행복할까? 주고 싶은 만큼 줘도 되고, 그럼 내가 좋아하는 예쁜 여자친구에게는 많이 줄 수 있고 그래서 친구의 환심을 살수도 있고 말이다.

초등학교 수업에서 장래에 대해 발표하는 시간이 있었다. 부모님을 모두 초청한 자리였다. 친구들은 대통령도 되었고 의사도 되었고 선생님도 되었다. 나는 로봇 태권브이가 되겠다고 호기있게 소리쳤는데 힐긋 쳐다보는 선생님의 눈초리에 엿장수가 되겠다고 말했다.

난 그 날 발표 수업 후 집에 가서 부모님께 다음부터 엿이라는 소리도 안나오게 맞았다. 차라리 계속 로봇 태권브이가 되겠다고 억지를 부릴걸 그랬다. 하지만 나의 식욕에 대한 편견은 계속 되었다. 눈에 띄는 나무젓가락 위의 엿은 나를 편식주의자로 만들 수밖에 없는 매개체였고, 나의 주식이었다.

나름대로 머리를 써서 아침에 일어나 문 앞에 떨어져 있는 신문을 주었다. 이렇게 주워 모은 신문을 모아 팔아서 가장 좋아하는 생엿을 사먹기도 하였다. 이것도 며칠가지 못했다.

반상회 때 나온 회의 안은 더 이상 내가 엿을 사먹을 수 없게 하기에 충분했기 때문이다. '아니 여기에 신문 도둑이 있나봐요. 저희 집은 일주일 동안 신문이 안 왔다니까요.' 이후로 난 더 이상 편식을 하지 않았고, 종소리가 나도 밖에 나가지 않았다. 이 사건이 일어난 이후에 생엿장수 아저씨는 단골을 하나 잃었다.

전통엿의 영양가

전통엿은 단맛 위주의 다른 제품과 달리 한국인 체질에 맞아 먹어도 질리지 않고 속도 쓰리지 않는 구수한 맛을 가진 식품이다.

엿은 우리 생활의 일부이기도 했다. 과거를 보러갈 때나 힘든 일을 할 때 번거롭지 않고 가지고 다니기 편한 것으로 엿을 이용했다. 엿에는 과거시험때 즐겨 이용한 식품으로서 과학적인 이유도 있다. 왜냐하면 엿은 포도당, 맥아당 등으로 구성되어 있으므로 소화되는 시간 없이 먹는 즉시 흡수되어 당이 단시간에 뇌 등에 에너지를 공급해 뇌활동을 촉진시켜 시험을 칠 때 집중력을 증진시킬 수 있다.

우리나라의 고유한 전통 감미료인 단맛이 있어 자극적인 단맛을 가진 설탕의 단점이 보완된 전통적인 사탕맛은 임신 중에 태아를 안정시키며 정신피로 회복작용이 있어 과거 공부할 때 상복하면 좋다는 기록도 있다. 이러한 전통적인 효능은 과학적인 근거도 충분하다. 엿에 많은 맥아당과 올리고당의 효능이기도 하다.

엿에 많이 있는 맥아당과 올리고당은 장내 유용한 균이 잘 자라도록 하는 기능이 있어서 복통, 배에서 끓고 소리날 때 좋다. 입이 마르거나 목구멍 통증이 있을 때도 엿은 좋다. 그래서 박하가 첨가된 사탕을 목이 아플 때 녹이면서 삼키면 통증이 없어지는 이유가 같은 이유이다.

기침을 오래 할 때에는 무즙에 엿을 타서 먹으면 효과가 있다. 변비에는 엿에 향유를 조금 넣어 복용하면 좋다고 한다. 사탕과 비교할 때 사탕은 사계절 온도에 거의 변화가 없지만, 엿은 온도에 민감하며 향료 등의 첨가 없이도 맛있다. 또한 사탕은 많이 먹으면 식욕이 없어지나 엿은 더 소화 촉진시켜 식욕을 돋구어 주기도 한다.

책 읽기, 글 쓰기, 대화, 연구나 시험을 치를 때, 뇌나 눈을 많이 사용하여 피로를 느낄 때 가 있다. 이때 엿을 조금 먹어주면 효과가 있다. 이는 체내의 대사질 호르몬이 당분을 만나게 되면 에너지 공급을 추가 또는 긴급히 요구하는 곳에 신속하게 에너지를 필요한 만큼 공급하여 주기 때문이다. 이렇게 공급이 원활하게 이루어지면 충혈이나 눈의 통증, 두통이 서서히 사라지게 된다.

엿에는 당분이 많은데 비해 상대적으로 비타민이나 단백질, 지방 등이 많이 부족하므로 영양적인 불균형이 올 수도 있다. 이를 보강하기 위해 지금의 엿 제조 공정에서 비타민 등의 영양 성분을 첨가하든지, 영양적인 측면을 보완할 수 있는 다른 재료를 첨가하는 것도 좋은 방법이라 할 수 있다.

또한 엿에는 당분이 많아서 과다 섭취시 비만이 될 수도 있고, 당뇨병 환자가 많이 먹으면 혈당이 높아질 수도 있다.

이런 엿은 어떨까?

엿은 우리나라 고유한 전통 감미료로서 만드는 방법에 따라 물엿, 생엿, 흰엿(가락엿)으로 나뉘고 엿의 모양에 따라 가락엿과 반티엿으로 나뉠 수 있다. 반티엿은 흰 가락엿을 다시 가열하여 물렁물렁하게 한 후에 나무로 된 턱이 얕은 상자(경상도 사투리로 반티)에 부어서 굳힌 다음 필요한 만큼 끌과 망치로 떼어내어 먹는 것을 '반티엿'이라고 한다. 엿의 겉에 입힌 재료에 따라 깨엿, 들깨엿, 콩엿, 땅콩엿으로 구분된다.

또한 조린 생엿에 호박을 넣으면 울릉도 호박생엿, 울릉도 호박가락엿, 사과를 넣으면 예산 사과생엿, 밤을 넣으면 공주 밤생엿 등으로 여러 가지 엿이 만들어 질 수 있다. 엿의 종류도 엿장수 마음에 따라 여러 가지로 불리어질 수 있다.

각 지방에 따른 유명한 엿은 전라도의 고구마 엿, 충청도의 무 엿, 강원도의 황골 엿(옥수수 엿, 강냉이 엿), 경상도의 찹쌀 엿, 제주도의 꿩 엿, 닭 엿, 돼지고기 엿, 하늘애기 엿과 울릉도의 호박 엿 등이 있다.

이러한 옛 조상들의 다양한 엿 종류는 엿에 부족하기 쉬운 비타민, 미네랄, 단백질을 보강하는 아이디어였으며 맛을 좋게 하는 효과도 있다. 기존의 엿에 영양가 높은 다른 재료를 첨가하여 새로운 맛을 가진 엿을 만들거나, 영양성분을 첨가하여 기능성 엿을 만들 수 있다.

엿에 부족하기 쉬운 비타민이나 그 외의 영양성분을 첨가하는 방법이 있다. 엿을 농축하는 과정이나 그 다음 과정에서 엿에 부족한 비타민이나 칼슘 등의 성분을 넣는다면 부족한 영양소가 보강될 것이다.

다른 식품재료를 혼합하여 보완하는 방법이 있다. 엿에 인삼, 쑥, 우유, 녹차, 칡, 생강 등을 첨가하여 영양성을 높여주고, 기호성이 강한 제품으로 다양화시키면 기능적인 면에서 많이 향상될 것이다.

솔잎을 넣은 엿을 만든다면 솔잎은 불포화성의 지방산을 많이 함유하고 있어 콜레스테롤을 억제하여 동맥경화를 예방하고 말초혈관을 확장시켜 피 순환을 촉진한다. 또 호르몬의 분비를 높이고 몸의 조직에 젊음을 유지할 수 있게 한다.

오미자는 달고 시며, 씨는 맵고 쓰면서 짠맛이 있다. 이것은 피로를 회복하고, 눈을 밝게 하며, 번열을 없애고, 기침이 나면서 숨이 찬 것을 치료하며, 소갈증을 멈추며 술독을 해소하는 효과가 있다. 따라서 오미자를 넣은 엿을 만들면 기능적인 면에서 많이 향상될 것이다.

양파를 넣은 엿을 만든다면… 방부제, 색소가 전혀 첨가되지 않은 자연식품으로 가치가 더욱 높아질 것이다. 양파는 고혈압, 동맥경화 등 성인병 예방과 치료에 우수하고 영양가치가 높다. 이것은 조림 및 볶음 등 각종요리에 간편하게 사용할 수 있다.

순 햅쌀로 만든 쌀엿을 만들면, 엿이 입안에 달라붙지 않고 찌꺼기가 남지 않고 위장병이 있는 환자들에게 좋다. 이것에 죽순요리를 곁들여 죽순과 함께 씹으면 입안에 눌러 붙지 않고, 먹은 다음 찌꺼기가 남는 일이 없다고 한다.

엿을 구입하는 애호가라면 엿에 첨가된 재료에 관심을 기울일 필요가 있다. 예를 들어 고두밥을 지을 때 순 햅쌀로 만들면 입안에 달라붙지 않고 찌꺼기가 남지 않는다. 이렇게 하면 입안에 달라붙는 엿의 단점을 보완하는 동시에 엿의 품질을 높이는 일석이조의 효과를 볼 수 있다.

☯ 전통엿 만들기

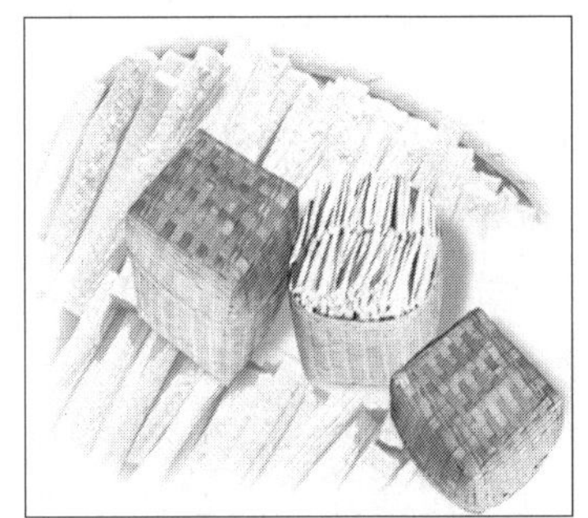

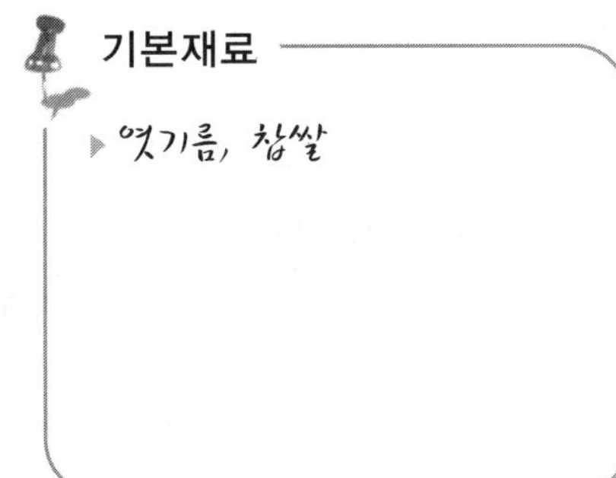

기본재료

▶ 엿기름, 찹쌀

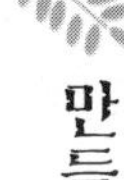

만들기

1. 찹쌀(또는 그 밖의 곡류)을 하룻밤 정도 물에 담갔다가 건진다(엿의 원료로는 찹쌀을 가장 많이 이용하고 그밖에 멥쌀, 옥수수, 조, 고구마전분이 많이 쓰인다).

2. 건진 쌀을 시루에 넣고 1시간 반정도 쪄낸다.

3. 찐 고두밥을 통에 넣고 고두밥의 3배의 더운물을 가하여 70℃가 되게 한다. 여기에 엿기름가루를 넣고 잘 섞는다. 60℃에서 두꺼운 천을 덮어 5시간 정도 당화시킨다(엿기름은 껍질을 벗기지 않은 보리를 물에 담가 두면 싹이 돋고 잔뿌리가 나온다. 이 싹과 뿌리가 약 1cm 이내로 자랐을 때 건져내어 말린다. 싹을 돋게 하기 위하여 보리 씨앗 속의 탄수화물이 대부분 맥아당으로 변한 상태이므로 예민한 사람은 씹어보면 미세하게 단맛을 느낄 수 있다. 이것을 갈아서 가루로 만든 후 당화시 첨가한다).

4. 당화가 끝난 다음 베 보자기에 넣고 꼭 짠다. 엿밥은 버리고 처음 나오는 여과액은 다시 자루에 넣어 여과한다.

5. 여과액을 원래 물의 55~60%정도 될 때까지 이중 솥에서 가

열 농축한다. 가열시 타지 않게 처음에는 강한 불로하고 나중에는 약한 불로 조절을 잘해야하며, 가끔씩 저어준다.

[6] 주걱으로 떠보아 실같이 늘어지면서 굳어지면 다 만들어진 것이다.

[7] 식어도 굳지 않을 정도로만 졸이면 물엿(조청)이다.

[8] 갈색의 점도가 대단히 높은 조청이 되었을 때 서서히 식히면 단단하게 굳는다. 갈색의 투명한 고체, 망치로 깨면 깨진 면은 유리처럼 반짝인다. 이것이 '생엿'이다.

[9] 생엿으로 흰 '가락엿'을 만드는데, 우선 생엿을 약간 가열하면 물렁물렁하게 하여 이것을 힘으로 잡아당겨 길게 늘인 후 두 가닥으로 접고 다시 당겼다가 또 접는 일을 반복하면 16가닥 32가닥 식으로 늘어나면서 서로 엉겨 붙기도 하고 그 사이에 공기가 들어가기도 한다. 그러므로 엿이 비교적 쉽게 부스러지는 하얀 막대기처럼 되는 것이다(이 작업을 하기 전에 생엿을 녹인 후 호박을 갈아넣고 적당히 식은 다음에 막대기 모양으로 만들면 '호박엿'가락이 된다).

[10] 원하는 크기로 알맞게 자른다.

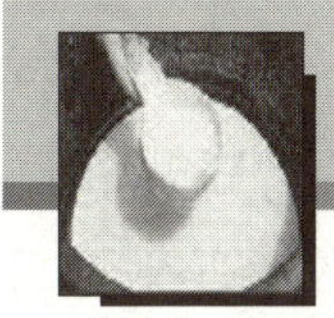

제 7 장 주 류

막걸리와 신고식

　막걸리는 그 말과 제조 과정에서도 알 수 있듯이 발효가 끝난 담 금액을 곱게 거른 것이 아니라 마구, 대충 거른 술이라는 뜻에서 생긴 말이다. 쓰이던 말도 참으로 많아서 막자, 탁백이, 큰 술 등 여러 가지 말로 불렸다.

　막걸리의 기원에 대해서는 정확한 기록은 없다. 그러나 서양의 포도주가 그렇듯이 의도된 것이 아닌 자연히 생성된 곡주에서 비롯되었을 것이며 그 역사 또한 한국의 술 중에서 가장 오래되었을 것이라 추측할 뿐이다.

사람이 살아가면서 '해방감'이란 기분을 느껴보는게 그리 흔치 만은 않은 일이다. 인생에서의 첫 번째 해방감을 느껴보았던 수능 시험이 끝나던 날, 군대에서 제대하던 날이 내겐 그런 날이었다.

자유로움이 가득한 대학교에 입학을 해서 낯선 사람들을 만나 친해지기까지. 학교 진입로의 굵직한 플라타너스 나뭇잎에 돋은 새싹처럼 언제나 내 마음은 푸르른 봄날이었다.

그런 3월의 봄날 처음으로 많은 사람들과 바닷가로 MT를 가게 되었다. 신입생 신고식이라는 명목으로 가게 된 MT. 선배들, 동 기들과 단순히 친목도모를 하러 간 줄 알았는데… 밤을 새워 12시 간 동안 지글지글 끓어대는 마루에 나란히 앉아 신고식을 했는데 눈물이 날 만큼 졸리고 배가 고팠다.

입으로는 집주소, 이름 등을 외쳐대고 있었지만 맘속에선 통닭, 김밥, 비빔밥 등을 외쳐대고 있었다. 그렇게 신고식을 간신히 통 과하고 마신 한 바가지의 막걸리. 술이라는 생각보다는 배를 채워 줄 수 있는 구세주로 보였다. 그렇게 코로는 신맛을 입으로는 구수 함을 느끼고 뱃속에선 포만감을 느끼며 벌컥 벌컥 마셨다.

맥주의 느끼한 맛, 소주의 쓰디쓴 맛, 양주의 몸속이 녹아 내리 는 것 같은 맛이 아닌 정말 독특한 맛이었다. 농번기 논에 앉아서 아낙네가 머리에 이고 온 새참 속에 함께 있던 막걸리를 식사 후에 한 대접 마시고 손으로 쓱 닦아내는 기분… 비록 상상 속이었지만 잠시동안 그 기분을 느낄 수 있었다.

그 날 신고식을 같이 치렀던 친구들 몇몇은 막걸리를 다시는 마 시고 싶지 않다고 했다. 흔히 말하는 '뒤끝'이 안 좋기 때문이라고 했다. 그러나 나는 달랐다. 막걸리를 마실 때만큼은 이상하게도 부모님께 음주를 한다는 죄송스런 맘이 들지 않았다.

아마도 막걸리는 내가 꼭 마셔야만 했던 생명수와 같은 존재였는지도 모르겠다. 그 이후로 따끈따끈한 파전과 묵무침이 생각나는 날에는 전통가락이 구수하게 울려 퍼지는 전통술집을 가끔씩 찾는다.

조그마한 호롱박으로 사발에 가득 술을 담아서 대금가락에 기분을 맡긴 채 막걸리를 목으로 시원하게 넘기면 적지 않은 애국심까지 생겨났다. 더군다나 얼마 전에 뉴스에서 막걸리가 암 예방에 효과적이며 장수에 좋다는 말을 듣고는 술이란 생각을 하지 않고 마시게 되었다. 부모님께는 건강을 위해서 몸보신하고 왔다는 넉살을 부릴 수 있게 해주는 유일한 술이다.

졸음 그리고 배고픔을 참아내야 했던 잔혹한 밤에 처음 맛보았던 막걸리는 지금 내가 가장 좋아하는 술이 되었다.

막걸리 미인

전 세계적으로 아름다움을 위해 돈과 시간 등을 쓰는 여성들이 많다. 이처럼 아름다움은 여성의 전유물이며 지적인 아름다움이건 외적인 아름다움이건 아름다움을 위해 살아간다. 이러한 여성심리를 이용해 막걸리를 홍보하고 나아가서 대중화시킬 수도 있다.

바로 막걸리에는 단백질과 비타민 B복합체가 있어서 피부 미용에 좋기 때문이다. 피로물질이 쌓이면 피부가 거칠어지고 기미, 주근깨가 생긴다. 이러한 피로물질 제거에 한 몫을 하고 있는 것이 유기산인데, 막걸리에는 유기산이 들어있다.

고등학교를 갓 졸업하고 술을 처음 대하는 대학생들에겐 무엇보다도 금전적인 문제가 크기 때문에 값이 싼 막걸리의 이미지도 있다. 사실 값비싼 생맥주에 비해서 막걸리는 상당히 값이 싸다. 게다가 막걸리는 제품자체에 충분한 영양성분이 있어서 특별히 거창한 안주가 없어도 그 고소함만으로 마실 수가 있다.

다양한 종류의 막걸리가 시장에 선보이고 신세대들의 입맛에 맞는 과일의 맛이나 향, 또는 꽃의 향을 첨가시키는 것이다. 소주에도 레몬소주나 체리소주 등의 상품이 있어서 여성들이 일반소주보다 부담 없이 마실 수 있다. 일반소주는 2잔밖에 마시지 못하지만 레몬소주는 6~7잔까지지도 가뿐히 마실 수 있다.

옛말에 이르기를 '보기 좋은 떡이 먹기도 좋다'는 말이 있다. 막걸리의 탁해 보이는 색깔은 쉽게 싫증을 느끼고 자극적인 것을 찾는 신세대들에게 호응을 받지 못하는 것은 당연한 일이다.

막걸리에는 주세관리규정에 의해 향첨가가 허가되지 않아 향첨가 사용이 금지되어 있다고 한다. 이런 규정의 이유는 아마도 질 좋은 막걸리 제조를 권장하기 위해서인 것 같다. 질도 중요하지만 질만 좋다고 모두들 선호하는 것은 아니라고 생각한다.

우리 전통을 지켜나가는 것은 매우 중요하다. 하지만 전통만 고집하는 사람에게는 발전 또한 없다고 생각한다.

술보다는 안주를 더 많이 먹는 여자들은 막걸리의 한정된 안주에 불만이 많다. 파전이나 빈대떡이 전부인 안주 때문에 가정에서는 막걸리보다는 안주를 쉽게 얻을 수 있는 맥주를 선호하기도 한다. 막걸리와 궁합이 맞는 안주를 쉽게 얻을 수 있다면 막걸리의 수효가 증가할 것이다.

막걸리의 영양적 우수성

우리의 전통 민속주 막걸리는 순수한 미생물에 의하여 자연발효 시킨 자연식품으로 술이면서도 건강식품이다. 막걸리에는 인체에 유익한 영양소들이 들어있으며 그것들이 복합됨으로써 보완작용을 하는데 그로 인해 성인병, 암, 지방간, 간경화 등의 질병예방에 좋다.

막걸리엔 세계적으로 장수하는 사람들이 많이 섭취한다는 유기산이 0.8% 함유되어 있다. 이 유기산은 새큼한 맛을 내는 성분으로 갈증을 멎게 하며 신진대사를 원활하게 하는 역할을 한다.

막걸리에는 활성효모(살아있는 효모)가 많이 함유되어 인체에 필요한 소화 효소 및 무기물 공급이 원활하다. 사람이 필수적으로 매일 섭취해야 하는 필수 아미노산이 10여종 함유되어 있으며, 저알코올 음료이므로 인체에 부담이 없고 적당량은 혈액순환을 촉진시키는 효과를 얻을 수 있다. 이외에도 각 종류의 비타민과 각종 영양소가 고루고루 들어 있어 영양섭취에 의한 건강유지뿐만 아니라, 성인병 예방에 탁월한 효능이 있다.

특히 세계적으로 유통되고 있는 술 중에서 여러 가지 종류의 비타민이 함유되어 있는 술은 오직 막걸리뿐이며, 음료로써도 적당한 정도의 주정 함량은 혈액순환을 왕성케 할 뿐 아니라 식욕증진과 피로회복이 빨리 되는 열량소이다. 막걸리는 풍부한 영양성분

외에도 다른 술에서는 찾아볼 수 없는 지방간 억제 효능이 인정되고 있는 콜린, 메티오닌, 엽산, 비타민 B_2, B_1가 함유된 좋은 식품이다.

막걸리는 다른 술과 달리 효모와 효소류가 살아 있어서 혈청과 간 콜레스테롤을 저하시켜 막걸리를 좋아하는 사람은 성인병에 잘 걸리지 않는다.

흔히 막걸리를 마시다보면 침전물이 쌓이는 것을 볼 수 있다. 이 침전물은 곡물의 식이섬유이다. 그러므로 인체에 유익한 효과를 나타내는 성분은 병 윗부분에 뜨는 액체가 아니라 바닥에 가라앉은 찌꺼기이므로 골고루 섞어 마시는 것이 몸에 좋다.

다른 식품과는 달리 막걸리엔 영양적으로 우수한 당분, 전분, 단백질, 아미노산, 유기산, 치아민, 칼슘, 인, 철 등이 다량 함유되어 있어서 쉽게 결점을 찾아볼 수 없다. 다만 한 가지 결점이 있다면 저장성이 떨어진다는 것이다.

지금까지 살펴본 것과 같이 막걸리엔 저장성이 떨어진다는 한 가지 결점이 있을 뿐, 그 외에는 우리 몸에 유익한 작용을 한다.

영양소가 완벽하게 함유된 술은 전통적인 방법으로 빚은 막걸리뿐이므로 술이 필요한 자리에서 맥주나 소주대신 전통주인 막걸리를 마시는 게 몸을 생각하는 길이라고 할 수 있다.

막걸리 만들기

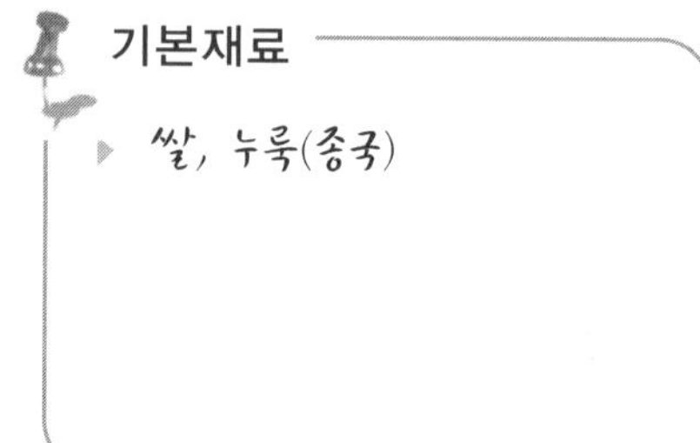

1 쌀을 쪄서 식힌 후 누룩(종국)을 뿌린다.

2 찐쌀을 35℃ 정도까지 식힌 후 종국을 뿌리고 잘 섞는다. 이를 파종이라고도 한다. 파종된 원료를 35℃ 정도로 온도를 유지시키면서 20시간 정도 띄운다.

3 종국을 뿌린 찐쌀을 마르지 않도록 습도를 조절하면서 40℃가 넘지 않는 범위에서 24시간 정도 더 띄운다.

4 밑술을 넣고 물을 부어 2일 정도 1차 발효시킨다. 밑술에서는 국곰팡이 등이 분비하는 아밀레이스 등의 효소에 의해서 전분이 당화되면서 이를 이용하여 효모 등의 증식이 활발해지면서 알코올이 생성되기 시작한다. 여기에 젖산을 첨가하여 잡균의 오염을 방지하기도 한다.

5 찐쌀과 누룩을 넣고 물을 부어 1주일 정도 2차 발효를 시킨다. 이와 같이 밑술, 1차 발효, 2차 발효를 거치는 이유는 담금액 중 효모의 원활한 증식을 위해서이다. 즉, 효모의 수를 점차적으로 증가시킴으로써 발효가 원활하게 진행되도록 하는 것이다.

6 체를 사용하여 거르기(여과)를 한다. 약주와 막걸리의 구분이 이루어진다.

7 술의 종류에 따른 적정 주정 도수로 조정한다.

동동주

동동주란 청주를 떠내지 않아 밥알이 그대로 떠 있는 술을 말한다. 원료로 찹쌀과 같은 곡물을 이용하고 약주로 분류된다. 술 위에 밥풀이 동동 뜬 것이 마치 개미가 동동 떠 있는 듯하여 동동주 또는 부의주(浮蟻酒)라 하였다.

멥쌀, 누룩, 밀가루를 물로 빚는 법과 찹쌀, 누룩가루를 물로 빚는 법이 있다. <규곤시의방>에는 '멥쌀 2말로 흰무리를 쪄서 끓는 물 3말로 망울 없이 풀어 차게 식힌 후, 누룩가루 3되를 섞어 밑술을 빚는다. 나흘 후 멥쌀 5되로 밥을 쪄서, 누룩 1줌과 밀가루 1되를 섞어 덧술을 하여 여름이면 채워두고 쓴다.'고 하였다.

동동주는 웬만한 전통주점이면 마실 수 있다. 막걸리를 싫어하는 날에는 약간 단맛이 나는 동동주를 마시는 사람들이 많다. 대부분의 전통주가 그러하듯이 동동주도 신입생 환영회 자리에서 처음 대하는 경우가 많다.

막걸리 보다 동동주를 좋아하는 데는 이유가 있다. 우선 알코올 도수가 높아 취하기 쉽다는 것이다. 막걸리가 맥주와 비슷하다면 동동주는 양주와 비슷하다고 할 수 있다.

동동주를 빚을 때 발효시키는 온도와 기간을 달리하여 동동주의 알코올 농도와 맛을 조절하기도 한다. 동동주는 막걸리 보다 손이 많이 가는 술이다.

막걸리를 마시기 싫어하는 애주가도 동동주를 마시기는 좋아한다. 왜냐하면 우선 막걸리보다 탁하지가 않아 마시기 편하고, 단맛과 뒷맛이 개운한 술이기 때문이다.

내가 동동주를 먹기 시작하게 된 것은 등산을 마치고 산사 근처에서 땀을 식히며 들이키는 달짝지근한 맛 때문이었다.

동동주가 유명하다는 소문이 있는 한 음식점에 들어가서 우리는 파전과 동동주를 주문했다. 약간의 거리감을 가지고 처음으로 동동주를 먹어보았는데 소문과 같이 그 집 동동주는 직접 담은 것이라고 했고 그 맛은 너무나 좋았다. 맛의 비법을 물어 보았지만 알려주지 않았다.

그 날의 피로가 동동주로 인해 다 날아가는 듯 했다. 정말 전통주를 담글 때 정성과 원료에 따라 술맛이 달라지는 것을 알 수 있었다.

동동주의 영양가

우리나라의 대표적 민속주인 동동주가 같은 농도의 알코올을 함유한 다른 술에 비해 인체에 미치는 영양이 월등하다는 연구결과도 있다. 동동주가 좋은 이유는 인체에 유익한 반응을 보이는 단백질, 당질, 비타민, 무기질 등 여러 영양소가 상당량 있어 보완작용을 하기 때문일 것으로 추정했다.

우리 민족과 오랫동안 애환을 함께 해 온 고유의 술, 동동주에는 인체가 필요로 하는 8종의 필수 아미노산과 비타민 B_1, B_2 등 B복합체가 상당량 들어있으며 성인병의 원인물질인 콜레스테롤을 낮추어주고 혈당 감소를 막아준다고 한다.

다른 술과 비교하여 동동주를 마시면 암 예방 효과는 물론 손상된 간 조직의 회복과 갱년기 장애, 해소에도 효과가 있다는 연구결과가 나왔다.

술이 생활의 윤활유 역할을 하지만 과음은 일상적인 활동을 어렵게 하는 역기능이 있다. 곧 과음으로 인한 두통과 신체기능의 약화는 물론 잦은 음주습관은 자신을 통제 할 수 없는 알코올 중독자를 양산, 사회문제를 낳기도 한다. 피할 수 없이 마셔야 할 술자리라면 피해를 최소화할 수 있도록 사전, 사후 예방 조치를 취하는 지혜도 필요하다.

민속주가 인체에 좋은 영향도 미치지만 알코올이 많이 함유된 음료이기 때문에 많이 마셨을 경우에 해가 되는 점도 많다. 특별히 민속주의 영양적 결점도 과음하였을 때 나타나는 것이다.

술을 마실 때 주의할 점

민속주를 판매하는 곳을 보면 깊은 은은함이 있거나 조용하고 품위있는 곳이 많다. 우리의 민속주에는 맛과 멋이 깃들어져 있기 때문이다. 동동주는 술의 분류에서 약주에 속한다. 술은 많이 마시면 독이 되지만 적당량 마셨을 때는 약이 된다고 하였다.

처음 술은 어른에게 술먹는 법을 배우는 것이 좋다고 한다. 술을 마시면 정신을 더 가다듬게 되고 평소에 치던 장난도 자제하게 된다. 전통주를 비롯한 술을 마실 때 몇 가지 주의해야 할 점을 보면,

1 빈속에 마시면 속을 버린다. 술은 빈속에 마시면 위와 간장에 빨리 흡수 돼 빨리 취하게 된다. 음주 전 일정량의 음식을 먹어 두면 위내벽의 보호막 역할을 하고 음식물과 함께 대사되어 알코올의 독을 줄일 수 있어 간의 부담을 덜 수 있게 된다.

2 가급적 천천히 약한 술부터 독한 술을 마시도록 하자. 과음이 예상될수록 첫 잔은 음미하면서 신체기관이 대비할 수 있는 여유를 주두록 하는 것이 좋다. 기분을 낸다고 첫잔부터 원샷을 고집하는 것은 꼭 피해야 할 습관이다. 흔히 우리의 음주 습관은 먼저 소주 등의 독한 술을 마신 뒤 입가심으로 맥주같이 가벼운 술을 마시는 식으로 되어 있는데 이는 알코올의 체내 분해가 역행돼 더욱 부담을 주는 잘못된 음주방법이다.

3 매일 마셔서는 안 된다. 술을 한 번 마시고 난 다음 간기능이 회복될 수 있는 휴식기를 두어야 한다. 그런 기간을 '휴간일'이라고 하

며 3일이 이상적이다. 그러나 식사 전에 조금씩 마시는 반주정도라면 간에 큰 해를 입히지 않을 수도 있다.

4 담배는 되도록 적게 피워라. 술을 마실 때는 일반적으로 담배를 더 많이 피우게 되는데, 술 마신 다음날의 숙취는 바로 이 담배 때문이라는 것을 명심해야 한다. 바로 니코틴이라는 것이 술이 간에서 분해되는 것을 방해하기 때문이다.

5 틈틈이 물을 자주 마시는 것이 좋다. 수분 공급을 늘려 소변과 땀을 통해 알코올 성분을 체외로 배출시켜 어느 정도 숙취를 예방할 수 있다. 물 이외에도 당분과 비타민 C를 함유한 구기자차, 유자차, 인삼차, 주스 등을 마셔도 좋다.

6 술 마신 뒤에는 찬 우유나 뜨거운 된장국을 먹는 것이 좋다. 찬 우유를 마시면 머리를 맑게 하는 효과가 있고, 술은 산성인데 우유는 알칼리성이므로 위 속에 남아 있는 알코올을 중화시키는데 효과가 있기 때문이다. 뜨거운 된장국은 땀을 흘리게 하고 과일은 숙취제거에 효과적이다.

☯ 동동주 만들기

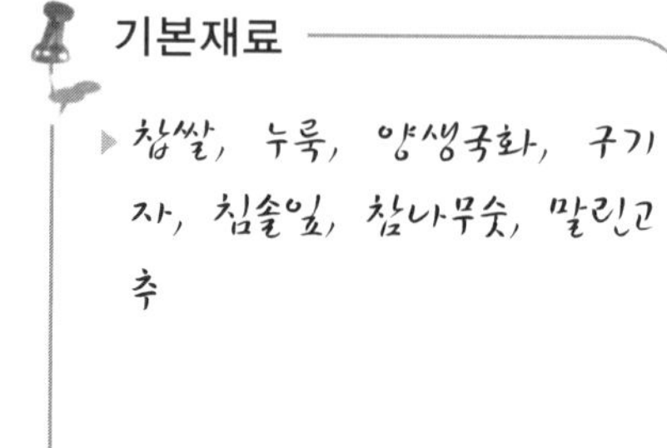

기본재료

▶ 찹쌀, 누룩, 양생국화, 구기자, 칩솔잎, 참나무숯, 말린고추

만들기

1. 찹쌀 7kg을 씻어서 온도에 따라 12~15시간 정도 물에 담가서 불린다.

2. 찹쌀을 다시 깨끗이 씻어서 소쿠리에 담아 물기를 뺀다.

3. 찹쌀을 시루에 담아 불을 땐다.

4. 가마솥에서 김이 난지 15분 정도 지나 뜸이 들면 불을 끈다.

5. 찐 고두밥에 누룩 175g을 섞어서 멍석위에 완전히 식힌다.

6. 술독을 깨끗이 세척한 후 목안에 불을 피워 소독한다.

7. 누룩, 술밥(고두밥)을 섞어 식힌 것을 술독에 넣고 엿기름 30g과 급수 10.5 l 를 잘 혼합하여 응달에서 3~4일간 발효시킨다.

8. 다시 찹쌀 92kg을 씻어서 온도에 따라 12~15시간 정도 물에 담가서 불린다.

9. 찹쌀을 다시 깨끗이 씻어서 소쿠리에 담아 물기를 뺀다.

10. 찹쌀을 시루에 담아 불을 땐다.

11. 가마솥에서 김이 난지 15분 정도 지나 뜸이 들면 불을 끈다.

12 찐 고두밥에 누룩 230g을 섞어서 멍석위에 완전히 식힌다.

13 주모와 찐 고두밥 92kg,누룩 230g(위에 11번째), 급수 156.4 ℓ
   를 술독에 넣는다.

14 말린 야생국화 100g, 구기자 100g, 오뉴월에 채취한 참솔잎
   100g, 등을 곱게 빻아서 술독에 넣는다.

15 술독 안의 재료들을 잘 섞는다.

16 참나무숯(이물질을 없앰)과 말린 고추 3~4개를 띄운 다음
   밀봉한다.

17 술독은 그늘(저온)에 100일간 저장한다.

18 100일이 지나면 용수를 술독 안에 박아서 그 속의 술을 떠 용
   기에 담아 마신다.

청양 구기자술

트롯 가수가 부른 칠갑산이라는 노래가 있다. '콩 밭 메는 아낙네여'라고 시작하는 노래이다. 칠갑산이 있는 청정지역 청양에서 유명한 것이 바로 구기자이다. 청양은 참으로 아름답고 조용한 곳, 그야말로 너무나 전원적인 곳이다.

앞뜰에는 구기자가 심어져 있고 내가 처음으로 찾았던 청양의 첫 인상은 그대로 한폭의 그림이었다. 외양간엔 소들이 한가로왔다. 앞마당에는 흰둥이를 포함한 강아지들, 닭, 그리고 염소까지 정말 아름다운 곳이었다.

내가 찾은 그 집 앞마당에는 큰 감나무와 대추나무가 있었다. 대문을 나와서 작은 오솔길을 따라 내려가다 보면 양옆으로 한쪽에는 큰 논이 펼쳐져 있었으며 다른 한쪽에 큰 비닐 하우스들이 촘촘히 자리잡고 있었다.

그 비닐 하우스 속에는 가장 아끼고 정성스럽게 돌보는 구기자가 있었다. 이렇게 정성스레 가꾼 구기자로 구기자차나 구기자술을 담는다. 물론 구기자술의 주가 되는 원료는 쌀이다.

이렇게 생산한 구기자로 만든 구기자술을 즐겨 마시는 사람도 많다. 구기자 술은 단순한 알코올이 아니라 몸에 좋은 보약이라고도 한다. 구기자가 몸에 좋다는 말이다. 특히 남자들의 정력에도 효능이 있다고들 한다.

구기자의 영양가

구기자는 낙엽, 활엽, 관목으로 구기자나무 열매를 구기자라 하며 우리나라 전역에 자생하고 있다. 한방에서는 잎을 구기엽, 열매를 구기자, 뿌리를 지골피라하며 아미노산, 비타민 등이 함유되어 있어 정력감퇴, 결막염, 피로회복, 현기증 등에 효능이 있다.

옛날 중국 어느 고을 우물가에 여인들이 모여 우리 마을에는 100세가 넘는 노인들이 많아 시집살이가 고달프다는 이야기를 듣고 우물주변을 살펴보니 구기자가 우물에 떨어져 우물색이 변해있는 것을 보고 이물을 먹고 장수하고 있다는 고사가 말해주듯 불로장수의 명약으로 알려져 있다.

애주가들에게 좋은 소식이기도 하다. 술을 끊자니 섭섭하고, 안 끊자니 건강이 걱정이 되는 사람들에게 구기자는 해결책을 가져다 준다. 예부터 한방에서는 구기자를 간장기능의 보강에 사용해 왔는데 실제로 알코올에 의한 간 손상을 예방할 수 있다는 사실이 동물실험으로 입증되었기 때문이다.

술을 마시면 알코올에 의해 간세포에 손상이 생기는데, 구기자를 알코올과 함께 주었더니 간세포의 손상이 줄어드는 연구보고도 있다. 구기자는 알코올의 대사를 촉진시켜 조직 세포 내에 알코올과 아세트알데하이드의 축적을 억제시킬 수 있다. 한마디로 구기자를 먹으면 술을 더 잘 분해할 수 있게 된다는 것이다.

특히 숙취의 원인 물질인 아세트알데하이드가 체내에 축적되는 것을 막아주기 때문에 구기자 술을 마시거나, 술마신 후 구기자 차를 진하게 한잔 마시면 숙취 예방이나 해소에 도움이 된다. 그렇지만 과신은 금물, 지나친 음주에는 구기자도 속수무책이다. 그렇지만 이 정도면 애주가들에게 괜찮은 소식이 아닐까?

<본초강목>에는 구기자에 대해 맛은 달고 평하며 폐 간 신경에 좋다고 기록되어 있다. 중국 서하(西夏) 지방의 여인들은 사시절 이 나무의 열매 뿌리 잎을 먹어 무병장수하고 아름다운 피부를 간직했다고 기록하고 있다. 한방에서는 구기자가 신장의 기능을 강하게 해주는데 탁월한 역할을 한다고 한다.

모든 술을 과음하면 머리가 아프고 속이 쓰리듯이 구기자 술도 과음하면 머리가 아프고 속이 쓰리며 숙취가 심한 단점도 있다.

☯ 구기자술 만들기

기본재료

▶ 구기자, 대추, 생강, 소주(침출술), 찹쌀과 누룩(발효술)

구기자침출술

만들기

[1] 구기자(300g)와 대추(300g), 생강(200g)을 잘 씻고, 잘 다듬어 구기자와 대추는 잘 말리고, 생강은 5mm 두께로 썬다.

[2] 먼저 소주에 설탕 300g를 넣어 녹인 다음 항아리에 붓는다.

[3] 그곳에 구기자, 대추, 생강을 넣는다.

[4] 밀봉하여 서늘한 곳에 보관한다.

[5] 좁은 병에 옮겨 담아 3~4개월 지나면 잘 익는다. 이때 찌꺼기는 건져내고 주둥이가 좁은 병에 옮겨 담아 서늘한 곳에 두고 마시면 된다. 3~4개월 지나면 잘 익는다. 이때 찌꺼기는 건져내고 주둥이 서늘한 곳에 두고 마시면 된다.

[6] 저녁 식사 때 반주로 1잔정도 규칙적으로 마시거나 잠들기 전에 마시면 강장, 피로회복에 좋다. 술에 약한 사람은 물을 3배 가량 타서 마시거나 신맛이 강한 과일 주를 조금 타서 마시면 된다.

[7] 구기자 술은 연중 아무 때나 담글 수 있지만, 수확기나 11월

에 담그는 것이 제일 좋다. 생 구기자만으로 술을 담그면 쌉쌀하고 다소 떫은맛이 나므로 대추나 생강을 같이 넣는다. 혹은 말린 구기자로 술을 빚거나 꿀을 타먹기도 한다.

구기자 발효술

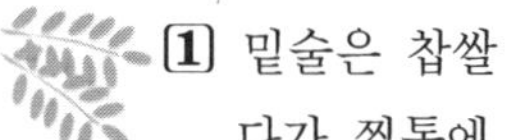

1. 밑술은 찹쌀 0.6되(약 1kg)를 깨끗이 씻어 12시간 정도 불렸다가 찜통에 고두밥을 찐 다음 펼쳐서 식힌다.
2. 고두밥이 식으면 누룩 0.5되(=500g)와 물1 l 를 섞어 항아리에 밑술을 안치고, 20~25℃의 온도를 유지하면서 3일간 발효시킨다.
3. 덧술은 밑술과 같은 방법으로 멥쌀로 찐 고두밥 2kg과 누룩 750g를 섞고 500cc의 물에 구기자(300g)와 대추(300g), 생강(200g)을 넣고 180cc로 졸인 물을 넣고 고루 섞는다.
4. 20~25℃의 적정한 실내온도를 유지해 주면서 12일간 발효시키면 알코올 함량이 16%의 구기자주가 만들어진다.
5. 술이 다 익으면 걸러 하루 전에 용수를 박고 여과하여 술을 얻는데 맑은 갈색을 띤다.

제8장 발효식품류

다이어트 고추장

고추장은 조선시대 중엽 고추가 우리나라에 전래된 이후 고추재배가 일반화되면서 만들어지기 시작했다. 된장을 만들던 콩 가공 기술과 새로운 고추라는 식품이 만나면서 그 시대의 퓨전음식이 되었다고 볼 수 있다.

서양의 드레싱은 채소류에 첨가하여 먹는 반면에 우리 고추장은 채소류는 물론 각종 찌개와 양념으로 그 사용범위가 대단히 넓은 것이 그 특징이라 하겠다. 고추장은 그 역사에 비해 많은 변화를 거듭하였고 독특하고 자극적인 맛을 선호하는 현대인의 기호에 따라 그 쓰임새는 날로 늘어나고 있다.

최근에는 고추장이 다이어트식품으로 일본에서 인기를 얻고 있다고 한다. 고추에 들어있는 캡사이신이라는 매운 맛을 내는 성분 때문에 고추장의 기능성이 부각되고 있는 것이다. 캡사이신의 다이어트 기능은 간단하다. 한겨울에 매운 풋고추를 먹으면 아무리 추운 겨울에도 이마에 땀이 맺힌다.

우리가 운동을 하면 땀이 난다. 캡사이신은 근육을 자극하여 운동을 하는 효과가 있다는 것이다. 캡사이신이 우리 몸의 에너지를 발산시키는 작용을 하여 체중을 감소시킨다는 것이다.

고추장을 좋아하는 편이지만 언제부터 고추장을 먹었는지, 고추장이 워낙 우리 생활에 친숙한 음식이기 때문에 내가 고추장을 처음 접해본 정확한 시기는 알 수가 없다. 다만 어려서부터 성격이 급해서 밥상에서 오랫동안 밥을 먹는 성격이 아니었다.

밥을 비벼 먹기 시작해서 고추장에 애정이 쌓이게 된 것 같다. 그렇게 해서 정이 든 고추장은 가족끼리 외식을 나가도 가까이 하게 되었다. 가족들은 회를 매우 좋아하는 관계로 주로 횟집에서 모임을 갖곤 하였는데, 고추장을 좋아해서 남들은 간장에 찍어 먹는 회를 나는 초고추장에 아주 맛있게 찍어 먹곤 했다.

지금은 집에서 만든 전통고추장 보다 개량고추장을 슈퍼마켓에서 많이 접할 수 있다. 나역시 맛이 달고 자극적인 개량 고추장에 맛이 익숙해져 버린 것 같다. 집에서 담근 재래식 고추장이 입맛에 맞지 않았다. 집에서 담근 고추장은 우선 매우 짜다.

자취집에서 먹게되는 고추장은 볶은 고추장이었다. 반찬은 달랑 밥에 참치를 넣고 볶은 고추장으로 맛있게 비벼 먹는게 전부였다.

이러한 고추장과의 인연이 고추장을 잊지 못하게 한다. 삼겹살을 먹기라도 하는 날이면 나는 어김없이 쌈장이나 된장 대신에 고추장을 바짝 앞에 갖다놓고 먹는다. 이런 내 식생활로 볼 때 과식을 많이 하는 나에게는 고추장이 지방 분해 효과가 있다는 사실을 입증해 주고 있다고 생각된다.

고추장은 전통식품의 우수성을 많이 가지고 있으므로, 세계 속에서 가장 독특하고도 건강에 도움이 되는 식품이 될 것이라는 사실을 확신한다.

고추장의 영양가

고추장은 콩, 찹쌀, 고춧가루, 소금이 함께 맛을 창조한다. 콩이 발효될 때 발생하는 단백질원의 구수한 맛, 찹쌀, 멥쌀, 보리쌀 등의 탄수화물에서 얻어지는 당질의 단맛, 고춧가루로부터 붉은 색과 매운맛, 간을 맞추기 위해 사용된 간장과 소금으로부터는 짠맛이 한데 어울린 맛이 전통 고추장 맛이다. 조화미가 강조된 영양적으로 우수한 식품이다.

고추장은 된장 못지 않게 단백질, 지방, 비타민 B_2, 비타민 C, 카로틴 등과 같은 유익한 영양성분이 함유되어 있다. 또한 자연에서 유래된 다양한 균이 들어 있고, 이러한 미생물은 김치, 요구르트에 들어 있는 미생물과 같이 정장작용 효과를 발휘한다.

고추장은 이처럼 영양이 우수할 뿐만 아니라 매운맛, 단맛, 짠맛이 조화를 이룬 세계에서 그 유래를 찾아보기 힘든 우리만의 독특한 음식이기도 하다. 고추에 들어 있는 매운맛 성분인 캡사이신, 비타민 A와 비타민 C가 대량 함유되어 있다.

고추장을 적당히 먹으면 식욕증진, 보온, 장내살균작용 등에 효과가 있다. 한방에서는 고추가 시력을 좋게 하는 작용을 하고 있다고 한다. 또한 위의 활동을 활발히 하여주어 소화를 돕고, 보온작용을 하여 몸의 혈행을 돕는 민간요법제로도 광범위하게 소개되고 있다. 이러한 한방에서의 효능은 비타민 A가 고추에 다량 함유되어 있기 때문이라고 할 수 있다. 캡사이신 성분이 체지방을 줄여 비만의 예방과 치료에도 효과가 있다고 밝혀졌다.

고추장의 캡사이신에 대한 효능은 한국산업식품공학회에서 주최한 고추장의 기능성에 관한 심포지엄에서 지난 가을 발표되었다. 캡사이신의 효능은 항염증작용과 피부조직의 마취효과, 항암작용 등이 과학적으로 입증되었다. 또한 고춧가루를 먹는 것보다 고추장을 먹는 것이 더욱 건강에 유익하다는 연구결과도 발표되었는데 이러한 효과는 고추장의 발효과정에서 생기는 단백질, 탄수화물, 캡사이신 등이 복합적으로 작용하여 발생한다고 한다.

고추장을 너무 많이 먹는 것은 좋지 않다. 경험을 하는 것처럼 고추장을 너무 많이 먹으면 속이 쓰리다는 것이다. 모든 음식이 그러하듯이 적당량을 먹을 때 보약이 되지만 과식하면 해가 될 수 있다.

일반적으로 고추장에는 전통고추장인 재래식 고추장과 개량 고추장이 있는데, 제조 방법에 약간 차이가 있다. 개량 고추장의 제조 과정은 메주가루 대신 물엿이 들어가고 삭히는 과정이 없다. 요즘 가정이 대부분 아파트 생활을 하고 있어서 메주에서 나는 곰팡이 냄새나, 만드는데 번거로운 과정이 신세대 주부들이 하기에는 어렵기 때문에 재래식 고추장보다는 개량 고추장을 선호하는 추세이다.

재래식 고추장이 개량 고추장 보다 곰팡이가 더 일찍 많이 핀다. 곰팡이 때문에 맛과 영양 면에서 뛰어난 재래식 고추장을 담지 못하는 가정이 많은데 숙성 과정에 김을 덮어두면 곰팡이가 생기지 않아 오래 보관할 수 있다.

염도가 매우 높은 고추장은 염소 이온을 생성하여 고혈압 등을 유발할 수 있으며, 많이 먹으면 위장에 손상을 일으키고 콩팥을 상하게 할 염려가 있다는 연구결과가 나와있다. 따라서 무조건 맵게 먹는게 우리 민족의 특성이라는 식습관을 버리고 합리적인 식습관으로 건강을 유지하는 게 가장 좋은 방법일 것이다.

☯ 고추장 만들기

고추장 메주가루 만들기

기본재료

▶ 메주콩 5되, 멥쌀 2되

만들기

1 봄에 콩을 준비하여 상한 것을 골라낸 다음 잘 씻어 삶는다.

2 멥쌀은 하룻밤 물에 불렸다가 건져 가루로 빻아서 시루에 찐다.

3 삶은 콩과 찐 멥쌀을 한데 합쳐 절구에 찧는다.

4 절구에 찧은 후 주먹만한 크기로 뭉친 다음 동글납작하게 빚어 한가운데 구멍을 내서 이틀 정도 말린다.

5 사과상자(또는 귤상자)를 준비하여 바닥에 짚을 깐 다음, 말린 메주를 놓고 다시 짚는다.

6 같은 방법으로 말린 메주를 켜켜이 넣어 더운 곳에 놓은 뒤 담요로 덮어 일주일 띄운다.

7 띄운 메주는 꺼내어 바람에 말린다.

8 메주를 잘게 부수어 한번 더 말려 빻아 고운 가루로 만든다.

9 만들어진 메주가루를 통풍이 잘되는 곳에 유지(또는 보자기)

를 깔아 펼쳐 놓고 냄새가 날아가도록 하면서 밤이슬을 이틀 정도 맞게 한다.

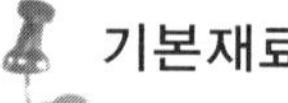

고추장 만들기

기본재료

▶ 찹쌀가루 4되, 메주가루 4되, 고춧가루 5되, 소금 4되, 엿기름가루 2컵

만들기

1 찹쌀가루에 물을 가하여 반죽하여 둥글게 빚어 가운데 구멍을 뚫은 다음 끓는 물에 삶아 건진다. 이때 찹쌀떡을 건진 물은 버리지 말고 잘 보관한다.

2 삶아서 건진 찹쌀떡을 양푼에 담가 뜨거울 때 꽈리가 일도록 쳐서 푼다.

3 조금 되다 싶으면 떡 삶은 물을 부어 된 풀 정도로 만든다. 떡 삶은 물을 다른 그릇에 옮겨 좀 식으면 엿기름물을 타서 떡물을 삭힌다.

4 이 때의 엿기름물은 고추장 담그기 하루전날 밤에 엿기름가루 1컵당 물 4컵을 타서 놔두었다가 다음날 윗물을 따라서 사용하는 것이 좋다.

5 삭힌 떡물을 체에 밭쳐 다시 끓인 다음 식혀서 떡을 풀어놓았던 양푼에 붓는다. 그러면 풀어놓은 떡이 부드러워 지면서 누글누글해진다.

6 완전히 식으면 고춧가루를 넣어 골고루 섞이도록 충분히 저어준다. 위에다가 메줏가루를 넣고 골고루 섞이도록 잘 저어준다.

7 항아리에 담은 고추장은 햇볕에 놓아 표면이 꺼덕꺼덕하게 되면 위에다 소금을 얹는다. 흔히 고추장의 표면이 마르기 전에 소금을 소복하게 얹는 경우가 있는데, 이렇게 하면 소금이 녹아 고추장에 배어들게 되므로 좋지 않다.

가자미 식해

식해란, 생선을 토막친 다음 소금, 조밥, 고춧가루, 무 등을 넣고 버무려 발효시킨 음식이다. 소금의 함량이 높은 젓갈류와 달리 곡류를 혼합해 숙성 발효시킨다. 그러므로 가자미 식해는 곡류를 이용한 발효수산 식품이라고 할 수 있다.

가자미 식해에는 일반적으로 쌀, 엿기름, 조 등이 숙성원료로 사용되며 여기에 고춧가루와 무채 같은 부재료를 혼합해 담게 된다. 곡식의 식(食)자와 어육으로 담근 젓갈 해(醢)자를 합쳐 표기한 것으로 한국, 중국, 일본 등지에 고루 분포하는 음식이다. 한국에서는 17세기 초부터 음식문헌에 소개되기 시작했다.

가자미 식해는 함경도 해안지역에서 유래된 것이나, 지금은 전국 어디에서나 담그는 특미절임류로서 널리 애호된다.

가자미 식해는 전통음료 식혜와 혼동될 때가 많다. 식해는 어육과 곡류를 함께 발효시킨 것이고 식혜는 찐 쌀밥을 발효시킨 것이 아니라 당화, 즉 엿기름으로 쌀밥을 단맛이 나게 한 음료인 것이다.

가자미 식해를 통해 전통음식이 좋다는 것을 알 수 있는 기회가 되었고, 조상들이 왜 현재의 성인병이 없었는지, 외국에서 우리나라의 식단에 관심을 가지는 이유를 알 수 있었다.

지금도 기억나는 것은 서해 대청도에서 군복무를 할 때 가자미

식해를 맛있게 담그는 아주머니의 손놀림과 다 만들어진 식해를
맛있게 먹는 아주머니의 표정이었다. 처음 봤을 때는 정말 저걸 어
떻게 먹을까? 할 정도로 투박한 모습이었다. 아마도 식해란 음식
을 처음 접해본 터라 낯설어서였던 것 같다.

　지금은 가자미 식해를 볼 때는 투박한 모습이 아니라 맛있어 보
인다는 생각이 들기도 한다. 가자미 식해의 맛을 본 사람은 항상
그 맛을 잊지 못할 것이다. 젓갈 같이 짜지 않은 맛깔스러운 곡류
와 어류가 조화를 이룬 전통발효식품, 가자미 식해의 맛을 보도록
하자.

가자미 식해 영양가

가자미 식해의 영양적인 우수성은 젓갈보다 염도가 낮다는 것이며 곡류를 혼합한 발효식품이라는 것이다. 젓갈은 밥상에서 밥을 먹는 반찬으로 먹지만 가자미 식해는 곡류가 있어 안주를 좋아하는 사람은 간식으로 들 수 있다는 것이다.

젓갈에서 소금은 맛뿐만 아니라 부패를 방지한다. 가자미 식해를 만드는 과정에서도 많은 양의 소금이 들어가는 것을 알 수 있다. 물론 소금이 부패를 방지하고, 맛을 더 좋게 하는 효과가 있는 것은 사실이다.

식해는 어류에 곡류를 첨가하여 발효시킨 음식으로 젓갈과 곡류의 영양을 모두 섭취할 수 있다. 우선 다른 곡류위주의 발효식품과 비교하여 가자미의 영양을 섭취할 수 있다. 젓갈에 비해 무가 많이 들어가 소화가 잘 되며 달고 시원한 맛이 난다.

다른 젓갈처럼 짜지 않으며, 각종 양념과 잘 버무려진 식해는 향기가 그윽하고 특히 노약자들의 칼슘 보충과 입맛을 돋우는데 큰 인기를 얻고 있다. 식해가 젓갈에 비해 짜지 않은 이유는 식해 속에 들어있는 곡류 때문이 아닌가 싶다.

또한 아주 미량이겠지만, 곡류로서의 영양도 섭취할 수 있다. 조가 식해 속에서 발효를 도와 맛을 도와주는 효과도 있을 것으로 보인다.

　또한 곡류가 주성분이 아니기 때문에 곡류로서의 영양을 모두 섭취할 수 없다. 아주 적은 양의 곡류가 식해에 들어 있으므로 소량의 곡류영양소를 섭취할 수 있다. 젓갈에 비해 적은 양의 소금이 첨가되었지만 젓갈 이외의 다른 식품과 비교하여 많은 양의 소금이 첨가되었다는 것은 또한 영양적인 결점이기도 하다.

☯ 가자미 식해 만들기

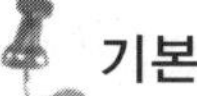
기본재료

▶ 가자미(2kg), 무(2kg), 파(2컵), 좁쌀(1kg), 쌀가루죽 1컵, 맑은 액젓 1컵, 다진 마늘 1.5컵, 다진 생강 1컵, 고운 고춧가루 1컵, 김치용 고춧가루 1/2컵, 곱게 다진 멸치젓 1컵, 소금(천일염), 실고추 1/3컵(1/3cup)

재료선택

- 가자미(2kg) : 몸체가 얇고 속살이 단단한 잔 가자미를 고른다. 하루나 이틀 전에 가자미의 비늘, 지느러미, 내장 등을 깨끗이 다듬고, 뼈와 껍질은 그대로 둔 채 2~3cm 토막으로 잘라 소금물(농도 3%)에 절여 눌러둔다.
- 무(2kg) : 굵고 큼직한 채로 썰어 한줌의 소금을 뿌려 숨을 죽인다.
- 파(2컵) : 대파는 길이 4~5cm로 썬다
- 좁쌀(1kg) : 잘 일어서 질지 않게 밥을 짓는다.
- 쌀가루죽 1컵, 맑은 액젓 1컵, 다진 마늘 1.5컵, 다진 생강 1컵, 고운 고춧가루 1컵, 김치용 고춧가루 1/2컵, 곱게 다진 멸치젓 1컵, 소금(천일염), 실고추 1/3컵(1/3cup)

만들기

① 가자미는 우선 손바닥 크기의 참가자미를 골라 비늘을 긁고 내장을 뺀 다음 3cm 길이로 자른다. 가자미를 깨끗이 씻은 다음 소금물(농도 3%)에 하룻밤 정도 담가 놓는다.

② 가자미의 비린내가 없어지면 물기를 뺀 다음 소금을 뿌려 6시간 이상 절여 놓는다.

③ 가자미 표면이 꼬들꼬들 해지면 소쿠리에 건져서 물기를 뺀다.

④ 메좁쌀로 약간 되직하게 밥을 지어 식힌다.

⑤ 가자미에 메조밥과 마늘, 고춧가루를 넣고 잘 버무린다. 단지에 담고 꾹꾹 눌러준 다음

⑥ 뚜껑을 잘 봉하여 덥지 않은 방 윗목에 두고 담요 한 장을 놓는다.

⑦ 보통 20℃의 온도에서 일주일 정도 지나면 가자미가 삭게 된다.

⑧ 큰그릇에 삭힌 가자미를 담고 무와 마늘, 파, 생강, 고춧가루를 합하여 슬슬 버무린다.

⑨ 단지에 담고 꾹꾹 눌러준 뒤 뚜껑을 봉해두었다가 2~3일 뒤에 먹으면 된다.

제 9 장 곡류와 영양소

현미에는 백미보다 많은 영양소가 있다

쌀의 부족을 해결하고 국민건강을 위해 현미밥을 먹도록 권장했던 캠페인은 기억 속으로 사라지고 있다. 소득의 향상과 함께 끼니 걱정을 하는 사람은 없지만 비만이나 고혈압, 당뇨병, 암 등의 성인병을 걱정하는 사람들은 늘어나고 있다.

지방이 많은 식품의 과다 섭취와 곡류와 채소의 섭취가 낮은 식단에도 원인이 있겠지만, 윤기가 흐르고 여러 번 씹지 않고도 맛있게 먹을 수 있는 하얀 백미 밥이 오르는 식단에도 그 원인이 있다.

쌀의 현미층(pericarp)에는 다른 곡류에 포함된 단백질, 섬유소 이외에 지질과 비타민 B군이 다량 함유되어 있다는 것이다. 특히 쌀의 현미 층에 있는 섬유소는 대장의 운동을 원활하게 하고, 장내의 발암 물질을 없애 주는 효과도 있다. 특히 물에 녹을 수 있는 수용성 식이 섬유소가 흡수되어 콜레스테롤을 억제하고 혈중 인슐린과 혈당치를 안정시킨다는 연구 결과들은 많이 발표되어 최근 현미가 큰 주목을 받고 있다.

영양가가 풍부한 현미밥을 마주한 밥상에서 어른들은 어려웠던 시절의 현미밥을 권장했던 옛 추억을 떠올리는 동시에 현대인의 비만, 당뇨, 고혈압, 암 등의 성인병을 예방하는 지혜를 배우고, 우리의 어린이는 건강과 함께, 옛 선조들의 식생활을 소개하고 현미밥을 꼭꼭 씹어서 먹는 참고 인내할 줄 아는 생활의 지혜를 배울 수 있을 것이다.

검정쌀(黑米), 지역 특산품 가능한가?

쌀의 자급자족과 함께 쌀의 품질을 향상시키고 다양한 종류의 쌀을 개발하는 연구가 활발하다. 소득수준의 향상에 따른 좋은 품질의 쌀을 찾는 소비자의 욕구를 만족시키기 위하여 그것은 당연하다. 그러나 이러한 소비자의 욕구를 알고 쌀 농사의 미래에 대해 생각해 보는 농민은 그렇게 많지 않은 것 같다.

이러한 관점에서 검정쌀(黑米)은 소비자의 욕구를 충족시킬 수 있는 많은 비밀이 있다. 국내에서 검정쌀이 소개되어 재배된 것은 최근의 일이다. 국내에서 재배되는 검정쌀은 끈기가 있고 향기가 많은 품종이며 주로 중국에서 재배되는 것들이다. 반면에 미국과 동남아에서는 끈기가 없고 낱알의 길이가 긴 야생 검정쌀 품종이 많이 재배되고 있다.

검정쌀에는 우리 몸을 구성하는 세포가 늙는 것, 즉 노화를 방지하는 물질인 항산화제가 함유되어 있고 우리의 입맛을 돋구어 주는 향기 성분이 다량 함유되어 있다. 일반 쌀에는 없는 여러 가지의 향기성분은 검은 색을 띠고 있는 현미층에 주로 존재한다. 현미층에 있는 검은 색소는 햇빛을 많이 빨아들일 수 있으므로 일반 쌀이 만들 수 없는 향기를 생산할 수가 있을 것이다.

미국에서 검정쌀이 지역 특산품화 된 예를 소개하려고 한다. 몇 년 전 미국 미네소타 대학을 방문하기 위하여 미네아폴리스 공항에 도착했을 때, 공항의 한구석에서 사진에 있는 야생 검정쌀 제품을 보고 놀랐다.

미국인의 주식은 밀이지만 미네소타주에서 유일하게 생산되는 야생 검정쌀을 소포장으로 주의 관문인 공항에서 판매하고 있었다. 특히 사진에 있는 검정쌀의 포장도 특이했다. 포장 주머니의 야생여우는 미네소타주의 상징이 되는 동물이었다.

이런 특이한 포장은 관광객의 시선을 끌고, 미네소타주에서 생산되는 야생 검정쌀과 주를 홍보하는 역할도 톡톡히 할 것이다. 미네소타주의 야생 검정쌀과 같이 우리 고장에서 생산되는 검정쌀에 우리고장의 상징을 넣은 포장을 하여 판매한다면 홍보와 함께 소득을 올릴 수 있는 하나의 대안이 될 수 있을 것이다.

보리가 새로운 식량으로 인식되고 있다

　동양권에서 보리는 주식으로 중요하지만 지금까지 서양에서는 주로 가축의 사료로 이용되어 왔다. 그러나 서양 특히 미국에서 보리에 대한 인식이 바뀌고 있다. 또한 보리를 식량자원으로 이용하기 위한 연구도 활발하다. 이것은 우리나라에서 보리의 재배면적과 생산량이 감소하고 있는 것과 함께 다시 생각해 볼만한 사실이다.

　보리에 대한 미국에서의 재인식은 미국에서 생산되는 보리의 부가가치를 높이기 위한 수단일 뿐만 아니라 현대인의 식생활과 관련지어 영양적인 가치가 충분하기 때문일 것이다. 그러나 우리나라에서 보리에 대한 중요성은 어떤가? 보리는 영양적으로도 우수한 곡류이다.

　보리에는 섬유소 이외에 다른 곡류가 가지지 않은 성분들이 있다. 이런 성분들은 현대인에게 많은 혈관계통의 질환과 당뇨병 등의 성인병을 예방하는 효과가 있다는 연구결과가 발표되고 있다. 특히 보리밥을 지었을 때, 볼 수 있는 끈적끈적한 점질성 성분인 '펜토산'은 혈당치를 조절하고 혈관계 질환을 예방하는 효과가 크다. 그래서 당뇨병이나 혈압이 높은 환자에게 보리밥이 권장되고 있다.

　이제 우리 농촌에서도 미국에서와 마찬가지로 보리에 대한 재인식이 필요하다. 머지 않아 현대인의 식습관에 비추어 볼 때 보리는 우리의 먹거리로서 중요한 역할을 할 것이 틀림없다. 또한 밥을 지었을 때 맛있는 보리 종자도 선보일 것이다. 이런 때를 대비하여 농민도 보리를 미래의 중요한 식량자원으로 인식하고 새로운 종자의 선정과 재배법에 관심을 가질 때가 온 것 같다.

농촌지역에서 생산된 보리는 우리 밀과 같이 도시의 소비자층을 대상으로 널리 소비될 수가 있을 것이다. 왜냐하면 보리는 다른 곡류의 성분과 비교하여 건강식으로 각광을 받을 수 있기 때문이다. 또한 보리를 소재로 한 별미 음식이 개발된다면 보리밥에 익숙했던 세대에게는 옛날의 추억을 되살리게 할 수 있을 것이다.

보리가 중요한 먹거리가 될 수 있다는 것을 잊지 말고 생산과 함께 새로운 가공식품 개발에 대한 아이디어가 필요하다. 이러한 아이디어의 발상은 보리로 만든 식습관에 익숙했던 대부분의 농민에게 풍부할 것이다. 보리를 소재로 한 식품에 대한 인식과 개발이 농촌에서 먼저 일어나기를 기대한다.

생찹쌀가루가 가진 기능성

몇년전 전남대학교 가정과학연구소에서 '쌀의 기능성과 가공'이란 주제로 심포지엄이 있었다. 물론 쌀 가공에 대한 관심도 있던 차에 '쌀의 팽화'에 대한 특강 초청을 받아 참석하게 되었다. 발표된 연구내용은 쌀의 생산, 가공, 영양에 관한 것들이 있었다.

강의 주제 중에서 관심을 끄는 내용이 많았지만, 특히 내게 흥미를 갖게 한 것은 전남대 의대 생화학교실 안봉환 박사가 발표한 찹쌀가루의 위궤양 방지 및 지나친 알코올(술) 섭취에 의해 발생된 위궤양의 치료효과에 관한 연구논문이었다. 연구내용에서 알코올성 위궤양을 앓고 있는 환자에게 식사 때마다 물로 추출한 찹쌀 추출액을 섭취하게 하였더니 약 한달 후에는 위궤양이 치료되었다고 보고하였다.

이러한 연구결과에 고무된 연구팀은 현재 찹쌀가루 추출액이 가지는 치료효과에 대하여 계속 연구하고 있다. 이러한 성분은 아마도 찹쌀의 현미층이 아닌 찹쌀의 전분질층 부분에 포함되어 있는 단백질일 것이다라는 조심스런 결론을 내렸다.

찹쌀의 이러한 치료효과로는 열을 가할 경우, 즉 찰밥은 위궤양의 예방 및 치료효과가 떨어진다는 것이다. 그래서 가능하면 생 찹쌀가루를 신선한 물에 타서 먹는 것이 좋다고 할 수 있다. 연구자 자신도 이러한 효과를 잘 알고 있기 때문에 연구실에 생 찹쌀가루를 냉장고에 보관하면서 음료수처럼 마시고 있다고 했다.

아무튼 이러한 생 찹쌀가루가 위궤양 치료에 효과가 있다는 사실은 선조들의 식문화에서 연유했으며 과학적으로 그 효과를 밝히는 것이기도 하다. 지금까지의 연구에서 찹쌀의 대부분을 차지하는 전분질 층에 포함된 단백질이 이러한 소화성 장애를 치료하고 예방하는데 중요하다고 추측하고 있을 뿐이며, 결론은 명확하지 않다.

개인적으로는 생 찹쌀가루를 그대로 마실 경우, 비릿한 맛이 있을 것으로 생각되어 진다. 이러한 맛을 없애고 보다 맛좋게 하는 비법이 있다면 좋은 음료로도 개발이 가능할 것이다. 찹쌀의 품종에 따라서도 각각의 특유한 맛이 있을 것이다.

생 찹쌀가루의 기능성에 대해서는 충분히 검증이 된 셈이다. 이제 이러한 기능성을 살린 제품을 개발해야하는 것이다. 이러한 제품은 농사를 직접 짓고 있는 농민이 밥맛을 잘 알 듯이 좋은 맛을 가지는 생 찹쌀음료에 대한 좋은 아이디어가 있을 것으로 알고 있다.

생 찹쌀가루의 기능성성분으로부터 우리는 전통적으로 내려오는 먹거리 문화의 가치를 배워야 할 것이다.

보리국수와 밀국수

보리는 BC 7000년 전부터 동양권인 우리나라와 중국에서 재배된 주요한 식량작물이다. 보리의 재배 역사와는 달리 보리를 소재로 한 전통식품이나 가공식품은 적은 편이다. 이것은 그만큼 보리가공 제품이 개발될 가능성이 크다고 할 수 있다.

최근에는 보리에 대한 인식이 옛날과는 달라지고 있다. 보리밥하면 가난한 사람들이 먹었던 것으로 기억되지만 지금은 건강을 유지하기를 원하는 사람들만이 즐기는 귀한 음식으로 여겨지고 있다. 왜냐하면 보리에는 콜레스테롤에 기인한 동맥경화, 암을 유발할 수 있는 성분을 흡수하여 배설시키는 식이 섬유소, 콜레스테롤을 줄이는 역할을 하는 기름, 기름에 녹는 비타민들, 혈당을 조절하는 보리밥의 끈적끈적한 성분인 베타글루켄과 같은 '기능성 물질'을 다량 함유하고 있어 보리는 우수한 기능성 식품이라고 할 수 있다.

최근 국내에서도 보리를 이용한 식품개발의 중요성을 인식하고 있는 사람들이 많은 것 같다. 늦었지만 참으로 다행한 일이다. 이러한 보리의 기능성 성분의 이해와 함께 많은 보리를 소재로 한 식품이 선보일 것이 틀림이 없다. 농촌의 보리 생산자도 보리의 식품으로서의 중요성을 인식해야 할 것이다.

며칠 전 연구실에서 보리의 가공식품에 관심이 있는 분의 보리

가공에 관한 이야기 중에 100% 보릿가루로 국수를 만들 수 있는 지에 대해 질문을 받았다. 물론 불가능하다. 밀가루에는 반죽을 형성시킬 수 있는 단백질인 '글루텐'이 있지만 보리에는 밀가루 반죽과 같이 국수의 면대를 형성하는 특수한 단백질이 존재하지 않기 때문이다. 그러나 동양의 국수와 제조방법이 다른 서양국수인 '파스타'는 100% 보릿가루로 가능하다.

그러면 어떻게 보릿가루가 다량 함유된 보리국수를 만들 수 있을까? 물론 100% 보릿가루로는 보리국수를 만들기는 불가능하지만 95% 정도의 보릿가루와 밀가루에서 국수의 반죽을 형성하는데 필수적인 성분인 '글루텐'만을 분리하여 5% 정도 첨가시키면 보리국수가 제조될 수 있을 것이다.

보리의 생산을 높여 단순가공 뿐만 아니라 보리를 가공하여 만든 우수한 기능성 가공식품이 머지 않아 소비자에게 다가올 때를 대비해야 할 것이다. 보리가공품의 시장성이 증가할 것은 틀림없는 사실이다. 이제 농촌에서도 현재 상태에서 미래를 보는 보리가공에 대한 안목을 가질 때가 온 것 같다.

찰보리, 가공용으로 좋다

보리에는 현대인의 건강에 좋은 영양소가 많이 포함되어 있다는 것은 이미 알려져 있다. 그러나 보리를 이용하여 만든 먹거리는 맛이 좋지 않아 소비가 늘지 않고 있다. 자연히 보리를 이용한 식품 개발도 활발하지 않다.

그러나 이런 경향은 달라질 것이다. 왜냐하면 미국을 비롯한 곡류 수출국에서 보리의 종자개량에 많은 연구비를 지원하고 있다. 미국에서 보리는 주로 서북부 산간지대인 몬타나주에서 많이 재배된다. 자연히 이 곳에 위치한 주립대학의 농과대학은 보리에 대한 연구가 활발하다.

몇 년전 몬타나주립대학에 곡류의 가공에 관한 일로 들릴 기회가 있었다. 그때 미국에서 사료로 인식된 보리를 식용으로 하기 위한 연구를 진행하고 있는 것을 보고 느낀 점이 많았다. 대부분의 식용보리 종자 개발은 찰보리이었는데, 많은 이유가 있었다.

찰보리가 겉보리 보다 식품재료로 사용하기 위해서는 다양한 기능성이 있다. 우선 찰기이다. 보리의 대부분을 차지하는 전분, 즉 보리쌀에 물을 붓고 열을 가하면 보리밥이 되는데 밥이 되었을 때, 찰기를 지니게 하는 성분이 찰보리 전분에는 많다.

이러한 찰기는 빵을 구울 때, 부피를 크게 하는데 매우 중요하다. 그러나 100% 보리 빵은 불가능하다. 찰보리 가루는 약 30%

까지 밀가루에 혼합하여 밀가루 빵과 같은 보리 빵을 만들 수 있다는 연구결과도 있었다. 방문했던 몬타나주립대 식품공학과에서는 밀가루 빵과 유사한 보리빵을 개발하여 기능성성분에 관한 실험을 하고 있었다.

이 빵에는 찰보리 가루를 약 30% 가량 밀가루에 섞어서 구운 것으로 빵의 부피도 크고 맛도 특유하다. 아마 이러한 보리 빵은 서구인의 입맛보다 동양인의 입맛에 맞을 수 있을 지도 모른다.

이제 우리나라에서도 보리의 재배에 관심을 가질 때가 온 것 같다. 특히 식품용으로 가능성이 많은 찰보리의 재배에 관심을 기울이는 것이 좋을 것 같다. 겉보리보다는 우리 입맛에 맞고 가공성이 훨씬 좋은 찰보리 종자를 찾는 것도 중요할 것이다. 필요하다면, 국내의 연구소뿐만 아니라 미국의 보리관련 연구소에서 종자를 찾는 것도 좋을 것 같다. 품질이 우수한 찰보리 종자로 재배뿐만 아니라 식품의 개발에 대한 아이디어로 보리 빵과 같은 제품이 나오기를 기대한다.

메밀과 영양

메밀은 다른 곡류와 비교하여 영양가가 우수하다. 메밀에는 단백질이 풍부하다. 곡류에 포함된 단백질은 들어 있는 양뿐만 아니라 단백질의 질도 중요하다. 즉 아무리 단백질의 양이 많다고 해도 단백질의 질이 좋지 않으면 영양가는 낮다고 할 수 있다. 메밀에는 단백질의 양과 함께 질이 우수한 단백질이 많이 포함되어 있다.

메밀에는 우리 몸 속에서 만들 수 없는 단백질이 많이 포함되어 있어서 단백질의 균형도 좋다고 할 수 있다. 메밀에는 밀가루에 들어 있는 단백질과는 다른 단백질이 들어 있다. 밀가루 음식을 먹으면 설사를 하거나 알레르기가 일어나는 체질이 있다.

이것은 밀가루에 들어 있는 '글루텐'이라는 단백질에 대하여 알레르기를 가지는 사람이다. 메밀에는 밀 단백질인 '글루텐'과는 다른 '알부민'과 '그로브린'이라는 단백질이 있어서 메밀로 만든 가공식품을 아무리 섭취해도 알레르기 반응이 없다. 이것은 메밀은 어느 누구에게나 좋은 단백질 공급원이 될 수 있다는 것이다.

또 하나의 메밀에 들어 있는 단백질이 가지는 특징은 다른 단백질과 비교하여 소화율이 낮다는 것이다. 소화율이 낮아 같은 양의 단백질을 먹었을 때, 살이 많이 찌지 않는 다이어트 식품으로 메밀을 이용할 수 있을 것이다.

메밀에는 다른 곡류와 비교하여 섬유소의 함량이 많은 편이다.

섬유소는 대장에서 해로운 물질을 배설시키는 역할과 함께 나쁜 콜레스테롤의 양을 줄이는 역할을 한다. 메밀에는 다량의 물에 녹는 섬유질이 함유되어 있어서 특히 나쁜 콜레스테롤의 양을 줄이는 역할이 크다.

또한 우리 몸에서 만들어지지 않은 비타민도 많은 편이며, 미네랄의 양도 다른 곡류와 비교하여 많은 편이다.

그러나 메밀의 영양가는 우수하지만, 우리나라에서 메밀을 이용한 가공제품은 개발되어 있지 않다. 식품의 개발에 관심을 가지고 있다면 메밀을 이용한 식품을 개발해 볼만하다. 현재 우리에게 필요한 영양소가 메밀에는 많기 때문에 앞으로 소비자들도 메밀제품에 관심을 가질 것으로 생각된다.

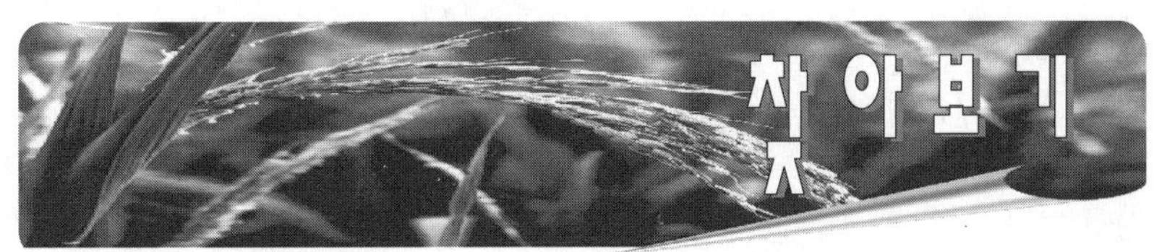

(ㅇ)

(ㅈ)

쌀 의 여 행

▶ 전통식품의 기능성 ◀

2002년 6월 1일 초판 인쇄
2002년 6월 10일 초판 발행

저   자 • 류 기 형
발 행 인 • 김 홍 용
펴 낸 곳 • **도서출판 효 일**
주   소 • 서울특별시 동대문구 용두2동 102-201
전   화 • 02) 928 - 6644~5
팩   스 • 02) 927 - 7703
홈페이지 • www.hyoilco.co.kr
등   록 • 1987년 11월 18일 제6-0045호

값 6,500원

ISBN   89 - 8489 - 050-2